舌尖上的人生廚房

43道料理、43則故事，以味蕾交織情感記憶，調理人間悲歡！

凌煙

作者序／

味蕾與情感交織的回憶

自從開始透過做菜，講述每道菜背後，屬於我自己的生命故事，才發現味蕾與情感交織成一張充滿酸甜苦澀滋味的記憶網絡，隨著時間的流轉，就像食物經過釀造儲藏展現的醍醐味，百感交集，令人在舌間心上低迴不已。

我從小生長於東石一個不靠海的農村，每年雨季都因村後的朴子溪海水倒灌，淹沒村裡的幾個窟仔（池塘）而成水鄉澤國，和水裡的魚蝦一樣在深及膝腿的陸上潦行，成為最深刻有趣的記憶。不淹水的時候，窟仔是我們這些孩子的游泳池，也是村裡婦人的洗衣場所，更是阿公穿著一件四角內褲摸蜊仔兼洗褲的地方，鴨鵝戲水，綠波蕩漾。池塘定期會涸窟，水抽掉一半時大人會先下去牽網圍捕南洋代仔魚，池水見底後，就到了各憑本事捉鱔魚、胡溜（泥鰍）的時陣。雨天抾露螺，淹稻田時釣青蛙，去蘆

鳳梨豆醬炒芋蓃

2 人份

材料

芋蓃（芋頭梗） 400 公克
薑絲 少許
水 600 毫升

調味料

鳳梨豆醬 適量　食用油 少許
鹽 少許　赤砂糖 少許

作法

1. 芋蓃撕掉外層粗纖維後切斜塊。
2. 燒一鍋水加少許鹽，倒入芋蓃燙煮至軟化後備用。
3. 起油鍋爆香薑絲，加入適量鳳梨豆醬（已不再加鹽，故請斟酌分量）、赤砂糖略炒，再倒入煮過的芋蓃，小火燒煮至入味即可。

美味 TIP

採收大顆芋頭後通常還會挖出許多小芋頭，這種小芋頭洗淨蒸熟後，可沾蒜頭醬油吃，十分美味。

鹹糜

我小時候在鄉下的農家生活已經脫離貧窮，日常三餐有魚有肉，不像我母親那一代都是吃番薯籤長大。記憶中天熱時阿嬤會煮甜的綠豆糜，還在鍋裡放入一大塊冰角，綠豆本身具有退火解毒功效，涼涼地吃很消暑。村裡大廟供奉五府千歲，還有一位「五年王」，三年一科大拜拜，各地陣頭齊聚巡庄，家家戶戶都要準備吃食放在廟埕榕樹下，讓來湊熱鬧的宮壇信眾食用，炒麵、炒米粉、米苔目、飯湯等，算是大家休息時的點心。

關於台式粥品，照我家鄉的說法有兩種，一種是由生米直接熬煮稱為「糜」，一種是湯料煮好後加入白飯稱做「飯湯」，例如常見的「蟳仔糜」一定要用生米熬煮才會黏稠好吃，而一般市面常見的「海產糜（粥）」，其實應該稱為「飯湯」才對，糜和飯湯之間最大的差別在於糜是「涸」的，飯湯是湯的。鄉下人農忙時煮糜最經濟省事，切點三層肉絲，配上紅蔥頭、蝦米爆香，可以煮高麗菜糜、菜豆仔糜、菜瓜糜、芋仔糜，如果家人去東石漁港買回新鮮的蛤仔、蚵仔或虱目魚，配竹筍煮飯湯就是高級享受了！

我阿母每次看見壁虎就想起一個真實的笑話，住在我們三合院前方的鐵嬸婆，有一次傍晚時分煮好鹹糜端上桌又去忙別的事，吃飯的時候兒子告訴她：「阿母！阿母！鹹糜裡面有一隻蟮蟲仔（壁虎）。」她探頭看了那鍋鹹糜一眼，伸手巴她兒子的頭罵說：「猴死囝仔咧！有魚脯仔擱毋食！」每次我阿母總是邊說邊笑，雖然有些匪夷所思，但鄉下房子從裡面往上看都有梁柱屋瓦，蟮蟲仔失足掉落鹹糜中燙死是很有可能的事，加上以前的照明設備都只有十燭光或二十燭光，上了年紀的人把蟮蟲仔看成魚脯仔也很正常。

我們嘉義縣東石鄉圍潭村至今還存在許多古例，以喪事來說，家中老人彌留時就要「搧廳」，神明紅格桌先用紅布遮起來，拆下床板放在大廳正中央，讓老人躺在上面等待嚥下最後一口氣。老人「過喟（嚥氣）」以前子孫都不能哭，確定斷氣後要拿一個碗公到埕尾用力摔破，跟著才能放聲大哭（以此通知左鄰右舍吧）。趕不及在嚥氣前見最後一面的子孫，回來奔喪時得從路頭跪爬進來，女兒更得從村口一路哭進家門，所以俗語才有「後生（兒子）捧斗，查某囝（女兒）哭路頭」這句話。不只如此，做法事還有各種「旬」，例如查某囝旬、查某孫旬，我阿公阿嬤過世時我不只得出錢做查某孫旬，做旬時所有的查某孫還得跪成一排，邊哭邊圍著棺木與靈位爬一大圈，雙膝都烏青。停靈期間三餐拜飯都要哭喊一回，有親人來上香，妯娌姑嫂還得輪流跪在旁邊陪哭，常見我阿母及阿姑們前一刻還坐在一起東家長西家短的聊得很熱絡，下一刻見有親戚來哭喪，立刻推派一人出來陪哭，感覺有種黑色幽默的氛圍，種種禮俗不勝枚舉，真正厚禮數！

鄉下婚喪喜慶，喜事一定有一大盆湯圓，喪事一定有一大盆鹹糜待客，阿公過世在先，數年後阿嬤才過世，出殯當天早晨，廚師煮好兩盆鹹糜讓所有參加喪禮的人當早餐吃，牽亡歌、五子哭墓、孝女白琴等陣頭演員人手一碗吃得津津有味。彼時我已離開戲班走上不同的人生階段，但看見她們便想起戲班裡的肉感姨在後台跳牽亡歌給我們看的情景，人生如戲，戲如人生，從小立志成為歌仔戲演員的我，不惜離家出走追求理想，我在戲班的那段日子夢想破滅，卻成就了我的文學生命。

芋仔糜

2 人份

材料

芋頭　1 顆
三層肉　200 公克
蛤蜊　100 公克
香菇　4 朵
蝦米　少許
白米　1 杯
肉骨高湯　800 毫升

調味料

蔥油醬　適量
白胡椒粉　少許
鹽　適量
芫荽　少許
食用油　適量

作法

1. 芋頭削皮切小塊，油炸至表面略赤黃後備用。
2. 蛤蜊加少許鹽泡在水中吐沙；香菇泡水切絲；蝦米泡水洗淨；三層肉切小條狀。
3. 用乾鍋炒三層肉至炸出油脂後，再放入香菇絲、蝦米爆香，並加入適量蔥油醬、白胡椒粉略炒，最後放入洗淨的白米翻炒出香氣。
4. 鍋中加入肉骨高湯、芋頭熬煮成糜，待米心熟透後放入蛤蜊煮至開口，最後以鹽調味，再撒些芫荽增香即可。

美味 TIP

炸芋頭時耗油，因此不妨多炸一些可冷凍備用，方便做其他料理時使用。除了芋仔糜外，用電子鍋煮飯時只要比平常略多放一些水（芋頭會吸水），再將步驟 3 炒過的食材及炸芋頭平鋪在白米上，加入少許鹽調味，飯煮好後撒上芫荽，再用飯匙拌勻便是好吃的芋頭飯。

烏甜仔糜

我得百萬小說獎的那部小說《失聲畫眉》中有描寫到一個真實場景，韋恩颱風由台中登陸的那天，我們戲班正在台中的百姓公廟演出，應該是農曆七月半前後，四周都是墳墓，廁所在遠方的竹林旁，周圍還有稻田。我們擠住在水泥搭建的一個小儲藏室，上方有一個夾層，當天晚上颱風的外圍環流已經逼近，在斜風細雨中，金蓮穿著極盡性感的舞衣，風姿綽約地跳了一場相思豔舞，一群男觀眾穿著雨衣站在戲台前，頭隨著金蓮的舞步左右擺動，如同風吹稻浪一般。隔天早晨，我們從窗口看著戲台布景與燈光、音響一一被颱風摧毀，在外漂泊的戲班是演員的家，就像鳥巢被風雨打散，大家的心情都有些沉重，卻還是嘻嘻哈哈打牌聊天，這就是野台戲演員特有的韌性，樂天知命，過一天算一天！

韋恩颱風過後，災情慘重，但演出還是不能停，戲班臨時調來舊布景，因為沒電只能演下午戲，閒著沒事就去台中逛夜市，對一個離家出走跟著戲班流浪的年輕女孩而言，一切都充滿新鮮感，怎會去想父母對我的離家會有多擔憂、多心痛？連續好幾天都過著演半天戲，其餘時間隨意打混的生活，因為農作物受損嚴重，菜價翻漲，讓負責團員飲食的戲班第二老闆娘阿金姊很是頭痛。有一天和豆油哥去附近的雜貨店買香菸，在田路旁發現許多烏甜仔（龍葵）長得十分茂盛，於是順便買了一小塊三層肉，搭些配料回去煮粥給大家吃，尋著記憶中阿嬤的滋味小試身手，贏得所有團員一致好評，烏甜仔糜微苦帶甘，如同戲班生活，總讓我再三回味！

賣野菜的歐巴桑另外推薦一種枸杞菜，說是日本烏甜仔，比較不苦還能顧目睭，但我查資料發現枸杞菜非枸杞葉，應該是菜販把兩者混為一談了，這些市場歐巴桑真會以鵝（訛）傳鵝（訛）呢！

後記：

當時一整個月都在墓仔埔演戲，從來也沒遇上什麼靈異之事，我待了半年離開，有一次抽空去探班，學戲的孩子們都拉著我求我別走，因為自從我走後她們經常被鬼壓，看來我的八字真的夠硬，難為我家怪醫方博士了！

烏甜仔糜

2 人份

材料

烏甜仔菜　1把
白米　1杯
五花肉　200公克
蝦米　50公克
香菇　4朵
芹菜珠　少許
水　800毫升

調味料

蔥油醬　1匙
白胡椒粉　少許
鹽　少許
香油　少許

作法

1. 烏甜仔菜摘取嫩莖葉，洗淨備用。
2. 白米洗淨；五花肉切絲；蝦米泡水洗淨；香菇泡發切絲。
3. 將五花肉放入平底鍋中，慢火炒至逼出豬油，再放蝦米、香菇絲爆香，加一匙蔥油醬，並灑上白胡椒粉同炒至香味飄散。
4. 將洗淨的白米倒入步驟3的鍋中炒香後，把全部食材倒入湯鍋，加水熬煮至米粒膨脹，最後加入烏甜仔菜同煮約3分鐘。
5. 起鍋後以鹽調味，再撒一把芹菜珠，淋少許香油增添風味即完成。

金針鹹菜結

母親因為做小生意營生終日忙碌，國小四年級來到高雄與父母共同生活後，我就必須擔負起煮飯、洗衣、拖地的家務，通常母親只會簡單交代食材要如何煮，其餘都由我自行斟酌，也許是對烹調有天分吧（她總說我的四柱八字有兩柱食神，屬廚師一格）！不到幾年工夫我就能自己採買食材設計菜色。有段時間叔叔一家也到高雄投靠父親，兩家人擠住在只有三個房間的二樓透天厝，加上孩子們都幼小，每天吵吵鬧鬧實在令人厭煩。有一天我跟大弟說：「如果叔叔他們能搬出去該有多好，這樣我們就能有自己的房間了。」這句話被嬸嬸無意間聽見，沒多久他們就搬走了，雖然我的心願實現了，心裡卻高興不起來。

叔叔他們一家與我們共住的那段時間（大約不超過一年），我學會許多當時的辦桌菜或稱台式宴客菜，例如：鯀魚螺肉蒜、豬肚燉菜頭、金針鹹菜結等，大多是叔叔做一次讓我吃過後，下次我就會自己做。台灣走過日本殖民與國民黨統治的種種苦難，還在戒嚴時期，美援進來，經濟開始好轉，我父母這一代許多鄉下青年紛紛來到大城市尋找機會。父親最早來到板橋做古物商（資源回收），生我的時候是他此生難得的賺錢時期，母親說我只肯喝當時最貴的鷹牌牛乳膏（煉奶）沖泡的牛乳，所以父親總是買整箱回來擺滿床頭櫃。一年後再生大弟時他因沉迷賭博，放著事業不做，常幾天幾夜不見人影，母親顧不得還在坐月子，帶著還幼小的我抱著初生的大弟獨自回到鄉下。

後來父親終因賭債跑路去澎湖收破魚網，當時我應該不滿五歲，不知為何對居住的馬公還有一些印象，至今難忘的是我們住處二樓窗戶正對著隔壁平房的屋頂，一天入夜晚飯時分，我先吃飽飯爬上二樓，無意間從窗戶望出去，竟然看見有個男人潛伏在日式屋瓦上，正打量著父親吊掛在窗邊的一套西裝，黑夜中那張畫著京劇生角的粉紅白臉清晰刻印在我腦海，究竟是為了不讓人認出？或者是劇團中人出來伺機行竊，令人不解。

嗜賭如命的父親，從台北跑路到澎湖，又從澎湖跑路到高雄，讓個性堅強好勝的母親吃足苦頭，但身為長子的父親對底下的兩弟兩妹卻是照顧有加，出錢出力幫忙完成終身大事（錢當然是從母親口袋掏出來的），當叔叔一家決定來高雄發展，他也是一口允諾讓他們先搬來同住，完全沒考慮居住空間根本不夠，害我心生抱怨之語得罪叔嬸，內疚了好久！

叔叔一家搬出去租屋後，經營起建材行，在經濟起飛營造業興盛時期確實風光了一陣，可惜好景不常，遇上一波建築業不景氣，被建商倒債開始周轉不靈，雖然阿公出面要求兄弟姊妹拿錢相挺，終究無以為繼。阿公為此憂勞成疾還引發中風，後來叔叔一家在銀秀阿姑幫忙下搬遷至白河定居，開設神壇為人消災解難，許多年後阿公臥病在床，兩老都住在叔嬸家，照顧年老父母的責任幾乎由他們承擔。

金針又名萱草，是母親花，金針鹹菜結這道菜總讓我想到祖父母過世時，子孫們送棺木上山頭（墳地），長子手裡捧著裝有錢幣（賺錢起家）、釘子（添丁）、一小卷鐵絲線（桶箍）的米斗，落葬後每個人都會從司公（道士）手中分到一些錢幣與釘子，每戶都有一卷桶箍，意即亡者希望後代子孫能團結同心，如同桶箍把桶（家）緊緊箍住，不會離散。

小時候只要煮金針排骨湯，祖母就會叫我們幫忙把泡過水的金針打個結，這樣能增加金針的脆口感。金針鹹菜結是用金針將瘦肉條、筍條、鹹菜條綁在一起，像母親的手緊抱著所有家人，在闔家團圓的時候做這道菜，默默傳達一個母親的心意，希望子女能懂一個家團結的重要性，即使將來母親不在了，也不要忘了這道菜的滋味！

金針鹹菜結

2 人份

材料

金針　50 公克
豬肉條（瘦肉）　150 公克
酸筍　50 公克
鹹菜　50 公克
薑絲　少許
蔥段　少許
高湯　400 毫升

調味料

白胡椒粉　適量
鹽　適量
香油　少許

作法

1. 金針泡水使其軟化；瘦肉、酸筍及鹹菜切細條。
2. 用金針將瘦肉條、筍條、鹹菜條綁在一起後備用。
3. 湯鍋中加入高湯至煮沸，再放入步驟 2 的金針鹹菜結煮約 2 分鐘。
4. 鍋中加適量嫩薑絲、鹽、白胡椒調味，最後放蔥段，再滴少許香油增添風味即完成。

年糕心太軟

在鄉下過年過節拜拜用的鹹粿、甜粿、紅龜粿、發粿、湯圓及肉粽都是自己做，沒有人用買的，即使家中守喪不過節，親友鄰里也會饋贈。我的阿嬤很會炊鹹粿，甜粿則是用「乞」的，把米漿與黑糖攪拌煮成稠狀再倒入放著玻璃紙的模型中，冷卻凝固即成甜粿。從我有記憶以來，故鄉鄰里間往來都叫我阿嬤「憨庄仔」，她姓李名庄，自幼父母雙亡，成長過程可想而知定然倍加艱辛，也許正是因此養成她逆來順受的個性，從不與人口舌相爭。聽父親回憶說他的祖父還在世時，大家族都是妯娌輪流掌廚，笨拙的阿嬤也許煮食不滿公公的意，曾被那個娶大某細姨（大小老婆）的公公按在地上搥打，光是想像那個畫面就令我十分心疼，我們在鄉下成長的那些歲月，一群孩子吵吵鬧鬧，她未曾口出惡言斥責過我們，停留在我們記憶裡的只有她的慈祥與沉默。

過年過節不論是搓湯圓或炊粿都不能亂說話，例如湯圓分為有食色和無食色，可以說紅色但不能說白色，炊粿更是忌諱說臭火凋（燒焦）或炊袂熟（炊不熟）之類的話，尤其是發粿，真的發不起來就很不吉利了！所以阿嬤、阿姑事前總會再三交代別亂說話！我家方博士說他當兵前在苗栗大哥開的醬菜工廠幫忙，住在客家莊，有一天他經過一個認識的阿婆家，見她正在添灶火炊粿，便隨口開玩笑說：「妳的甜粿臭火澗矣（燒焦了）！」結果後來真的燒焦，那個阿婆每次見到他就用客語臭罵他一頓，很久氣還不消。

我小時候故居灶腳（廚房）還有燒柴火的大灶，平時燒熱水，過節可以炊粿，雖然有自來水仍用大水缸儲水，外加一個瓦斯爐煮飯炒菜，冬天我最喜歡坐在灶前烤著溫暖的灶火，用火灰（餘燼）烘番薯。因為有灶，過年前都要送灶神，拜湯圓就是要黏灶君的嘴，讓祂回天庭才不會亂說話。

現代人搓湯圓或做粿都直接用糯米粉攪拌，以前的人都是前一晚先浸泡圓糯米，隔天抬去有石磨的鄰居家磨成米漿裝在麵粉袋中，放在椅條上用大石頭壓出水分成粿塊，倒在大簳湖（大竹篩）上打散，取幾塊生粿塊入滾水中煮熟做「粿粹」，利用粿粹揉粿做出來的湯圓、紅龜等粿品會特別Q彈，引申至台語用詞有一說「欲做生理（意）也要有一塊粹」，即是此意，有「粹」才好揉粿。

在鄉下過年常吃的食物就是煎鹹粿和炸甜粿，雖然有此一說「過年煎鹹粿不能煎赤」，因為「赤」和台語的「散赤（貧窮）」同音不吉利，但我還是喜歡吃煎赤的粿，連同芋翹（做成彎月狀的芋頭粿）、紅龜粿、草仔粿一律都要煎赤才吃，感覺沒煎赤的粿像沒個性的人一樣，欠缺一種吸引人的香氣。農曆正月初九是天公生（誕辰），阿嬤會做紅龜粿、紅圓（像女人乳房的形狀）、牽仔（長條狀印有串錢圖案）拜天公，我爸最喜歡吃阿嬤做的土豆（花生）餡紅龜粿，她都是自己炒花生，再用春具舂成粗花生碎，拌上赤砂糖包在用紅花染揉成的粿塊裡，用粿模印成龜殼狀，底下墊著香蕉葉放入蒸籠蒸熟，咬上一口便滿嘴花生糖香，表皮煎赤再吃更添風味！每年做紅龜粿阿嬤都會多做一些讓我爸帶回高雄，即便我爸在眾人的眼中是一個好賭的浪蕩子，無用之人，但在我阿嬤的心中卻永遠是她寄予厚望的長子！

現代人因為物資豐富飲食西化，傳統粿品漸漸消失在餐桌上，只在年節祭祀時才會買來應景。我們住在小港鳳鼻頭山腳下的「市外桃源農場」那段時間，因為有兩間鐵皮屋且各有供桌，過年少不了要供奉年糕應景，加上初九拜天公也需要年糕（代表步步高升），每次拜拜完都是直接放進冰箱，由於孩子們都不愛吃甜粿，常常從年頭冰到年尾（甜粿真的很耐放），清冰箱的時候直接丟掉再換新的。其實炸年糕有很多吃法，每次利用朋友或學生來訪時做出來大家一起吃，共享的滋味總是特別美好。

年糕心太軟

2 人份

材料

乾紅棗　20 粒

年糕（切小塊）　20 塊

作法

1. 乾紅棗泡水使其發漲後，用尖刀劃開一線，剜出裡面的棗籽後備用。
2. 將年糕切成適當大小，再塞入紅棗劃開的缺口中。
3. 將塞好的紅棗夾年糕擺盤，擺放時請保留空間，別太靠近，以免年糕蒸軟時會相黏。
4. 電鍋放入蒸架，把整盤紅棗夾年糕用耐熱保鮮膜包好並置於蒸架上，外鍋加 1/4 杯的水後按下煮飯鍵。
5. 跳起後打開鍋蓋確認年糕是否軟化，若軟化即完成。如果不夠軟化可以再蓋上鍋蓋悶一下，重點是別蒸過頭，年糕會流漿不好看。

延伸料理

爆漿芋丸

1. 芋泥（用市售或自行買芋頭蒸熟加糖搗成泥）拌入一些糯米粉，使其呈麵團狀後再揉成芋泥團。
2. 年糕切成小方塊包入芋泥團中，外面沾裹上一層麵包粉（屑），入油鍋炸成金黃色即完成。

豬腳箍

點仔膠，黏著腳，叫阿爸，買豬腳，
豬腳箍，滾爛爛，枵鬼囝仔流嘴瀾！

這是小時候在鄉下常常和同伴一起唱的兒歌，只要看到豬腳，心中自然浮現這首歌的歌詞與旋律。我在東石故鄉的港墘國小圍潭分校讀完三年小學才到高雄與父母同住，在鄉下讀書的那三年，每天中午都要回家吃午飯，常打赤腳的我們走在村子裡唯一的一條柏油路上，總是得跳著腳，盡量別踩到被太陽曬到融化的點仔膠，以免腳底被做記號。點仔膠是我們拿來黏樹蟬仔的利器，至於它為什麼和豬腳箍被寫在一起？我們倒是沒想過，現在推測起來唯一的可能就是豬腳滷至爛透，釋放出黏稠的膠質會黏嘴箍，就像點仔膠黏著腳一樣吧！

我家方博士年輕做土木工程時期，有段時間在高樹鄉的溪床採砂石，為了方便管理進出的砂石車，乾脆在溪邊工地入口處搭帳篷睡覺，聽當地人說那裡「真歹孔」（常鬧鬼），但他向來天不怕地不怕，有一次天未亮前尿急鑽出帳篷外小解，突見不遠處有一個身穿白衣的人影，當下確實讓他嚇一跳，他定睛看了許久，確定那是一個人在那裡撿石頭，便走過去看看，和那位中年大叔攀談起來，了解他是趁天未亮沒太陽較涼快時，來挑固定大小的石頭要鋪設擋土牆，我家方博士主動用推土機幫他裝上車，省去他一顆顆搬運的勞力。不久因為太多砂石車進出村莊對居民造成困擾，全村人出來圍路不准他們的車輛進出，正苦無方法解決時，有一個人主動出面幫他們說話，正是那位在溪床撿石頭的中年大叔，原來他曾是附近這一帶「嘩水會堅凍」，現已金盆洗手的黑道大哥。

在高樹鄉靠近大津瀑布的一個村莊，還有一個跟我家方博士交情深厚的小弟阿富，他是二哥朋友的弟弟，我家方博士在那裡採砂石他還是個大男孩，把經常進出聲色場所的大哥哥視為偶像，不想許多年後他竟成為幾個槍擊要犯的細漢（跟班），幸好一直沒出事，江湖路最終得以全身而退。有一次跟我家方博士去高樹玩，順道拜訪阿富他們一家人，吃到他妹妹滷的豬腳讚不絕口，叫我一定要學起來，那豬腳只用蔥段、冰糖、酒、醬油慢火滷製，皮Q有咬勁，與傳統滾爛爛的豬腳有很大差別，完全不用香料，純粹只有肉香與醬香融合，對口味偏甜的南部人來說，越吃越續嘴，欲罷不能！

小時候故鄉老家的三合院後方有一處七叔公的豬椆，距離豬椆約五百公尺有一間破舊的屋子，關著一個坐在通鋪上，手腳瘦得只剩皮包骨的痟查某，我們一群孩子常去站在木製的窗戶外，聽那個痟查某罵個不停，到底她在罵什麼我們也聽不明白，但聽說她曾經亂罵我七叔公，被七叔公灌過豬屎尿，有些愛做譴的男生還會撿石頭丟她，但我看她像動物一樣被關在那裡，鍋子總有吃剩臭酸的飯菜，不論天冷天熱都衣不蔽體，就覺得她很可憐。

我們七叔公是大廟的乩身，神明的代言人，平時不苟言笑，聽說曾祖父彌留時，依照俗例須等亡者正式噍下最後一口氣，拿一個碗公到埕尾用力摔破（藉此通知左鄰右舍吧？）子孫才能放聲痛哭，但不知為何只要聽見七叔公的哭聲，曾祖父就又會回魂過來，如此反覆數次（家裡的碗公大概都快摔光了吧？）弄得大家沒辦法，只好讓七叔公噤聲，曾祖父總算順利入殮出殯，結果數年後撿骨，打開棺木一看，曾祖父的屍骨是面朝下的，聽著不覺悚然，也許曾祖父是不捨七叔公這個么子才走不開，尚未真正斷氣就被裝入棺木裡了吧？此事聽說也請示過我們大廟供奉的五府千歲，據大金王公指示，曾祖父在生時曾打死過一頭「五爪豬」，豬為偶蹄目動物，五爪被視為不祥的象徵，在封建時代有「五爪豬無殺」之說，因為曾祖父不信邪，打死五爪豬烹食，故而臨死時有此報應。

台語俗話說：「三年一閏，好歹照輪。」是風水輪流轉之意，每三年有一個閏月，民間習俗稱有閏月的年為「大龜年」，老人可以準備「老嫁妝」（壽衣），出嫁的女兒必須買豬腳麵線給父母酬壽，自己做最有誠意，來動手滷豬腳吧！

吃剩的豬腳搭配筍乾，只要用電鍋烹煮，就是美味的筍乾豬腳。

滷豬腳

2 人份

材料

帶肉豬腳　500 公克
蔥段　1 大把

調味料

黑糖　1 匙
酒　1 碗
醬油　1 碗
冰糖　2 匙

作法

1. 帶肉豬腳切塊，用滾水略煮去血水雜質，洗淨備用。
2. 炒鍋開中間小火，放入一匙黑糖，炒至黑糖融化轉成深咖啡色（這是要做糖色，注意別炒成焦黑）。
3. 炒鍋加入一碗水，鍋底鋪上一大把蔥段，將豬腳塊排放在蔥段上，將酒、醬油、冰糖（甜度與鹹度視各人喜好調整）淋在豬腳上，最後加水至能淹到豬腳，大火煮滾轉小火滷煮，約 20 分鐘翻面，續滷至湯汁濃稠即可（全程約費時 45 分鐘，牙口不好要吃軟 Q 者，就再滷久一點）。

美味 TIP

豬腳回鍋顏色會變黑，建議將筍乾（前一夜需泡水去鹽分）和吃剩的豬腳、滷汁一同置於電鍋內鍋中，放一小袋滷包（用八角、桂皮即可），加適量水淹過筍乾及豬腳，外鍋加兩杯水燉煮，開關跳起後試鹹度（用鹽調味），就是美味的滷筍乾豬腳了。

白河蓮子和藕粉

住在白河的銀秀阿姑是如同我們第二個母親一般的親人，在我十歲以前和兩個弟弟在故鄉生活都是由她負責照顧，她在朴子拜師學裁縫的地方是一處日式宿舍，在我幼小的心靈中還留著一個清晰的印象。

當其他堂姑們都去工廠上班賺錢，放假享受著青春少女喜歡的玩意，如鉤膨紗（織毛線）、看新女性雜誌、讀瓊瑤小說（那也是我絕無僅有的課外讀物）時，她卻是日復一日的踩著裁縫車，幫我們洗澡、洗衣讓青春不斷流逝，只因顧念大哥回收廢五金涉及贓物罪正在入監服刑，大嫂獨自一人在外打拚賺錢，既要請律師與刑警相告，又要負擔三個孩子的生活費，讓她不敢有想要出嫁的念頭，直到我父親出獄，母親買下做生意的憲德市場對面小巷兩層樓住家，接走我們三姊弟，她才憑媒妁之言嫁給當警官的姑丈，開始過屬於自己的人生。

銀秀阿姑是傳統社會好女兒的典型，未出嫁前總是為家人犧牲自己，出嫁之後還是難捨手足之情，常暗中幫忙生活困頓的兄弟姊妹，克勤克儉打理自己的家庭。阿嬤晚年生病開刀到辭世的那段日子，全靠她忙裡忙外的張羅一切，送走年邁的父母，她也升格做阿嬤，幫兒子媳婦帶小孩，假日如果兩個出嫁的女兒也回來，她會煮一大桌拿手好菜給兒女及孫子們吃，對於廚藝她可是自信滿滿，我開玩笑說自己從小吃多了她的口水，當然也很會做菜！

農曆三月初三我們俗稱「三日節」，大家都選在這天包春捲祭祖，阿公、阿嬤的骨灰都安奉在白河關仔嶺的大仙寺，我母親也早早訂下兩個塔位，每年「三日節」這天也成為家族聚會的日子。我父親是家中長子，上有一位大姊，下有兩弟三妹，排行老二的叔叔以前在高雄開建材行，遇到建築業崩盤被倒債拖垮事業，在銀秀阿姑的幫忙下舉家遷到白河落腳，叔叔的媳婦在大仙寺廟口做生意，賣小吃與農特產，有香菇、筍乾、山粉圓、蜂蜜、藕粉等，藕粉是我嬸嬸每年白河的蓮田採收蓮藕時，她去收集老化的藕節回家自己製作，先將蓮藕剉絲搗爛，水洗出藕粉沉澱曬乾，百分之百的真材實料，絕不做假。

白河以栽種蓮（荷）花及出產蓮子聞名，每年農曆七至九月是產季，到冬至後才是挖藕製粉的時候。近來在林園早市看到幾個老婦人在賣現剝的蓮子，成堆圓圓胖胖的蓮子，旁邊放置一堆蓮蓬，還有分裝成小袋販售的乾燥蓮心，用來取信於人，其實那些應該都是在越南種植的，銀秀阿姑曾送我幾包白河在地種植的蓮子，顆粒小呈橢圓形狀，煮個十來分鐘就鬆軟綿密，而看似新鮮現採的越南蓮子，卻要煮上一個鐘頭仍有一層硬殼，口感真的差很多。

新鮮現摘的蓮子和蓮蓬。

蓮子排骨湯

2 人份

材料

排骨　200 公克　　芫荽　少許
蓮子　100 公克　　水　400 毫升

調味料

鹽　少許

作法

1. 排骨先以滾水汆燙後備用。
2. 湯鍋中放半鍋水後煮至滾沸，倒入排骨熬煮 30 分鐘後，再放蓮子煮十幾分鐘即可（若使用市售越南蓮子，必須與排骨一同熬煮至鬆軟熟透，費時約 1 小時）。
3. 最後加鹽調味，起鍋前撒一把切碎的芫荽即可。

延伸料理

煮藕粉

1. 鍋中倒入適量熱水後煮沸。
2. 轉小火將藕粉均勻撒進滾水中，再用湯勺攪拌，濃稠度隨個人喜好，最後加冰糖調味即可食用。

★ **煮好的藕粉不可冷藏，會凝結成塊。**

三月三，桃子李子挺頭擔

我苦命的阿母這一生宛如台灣阿信般，在艱困的環境中成長，於經濟起飛中為家庭奮鬥，因為丈夫的不負責任，她必須比別的女人更堅強，面對乖舛的命運她即使抱怨連連還是未曾反抗過，從年輕拚命賺錢到年老，就像一部操勞過度的鐵牛頭（即老式耕耘機，她常這樣形容自己），終究有操壞的一天，差點就報廢。

兒子出生後我瞞著父母偷偷與我家方博士辦理公證結婚，連新娘禮服都沒穿，結婚照自然也沒拍，結婚戒指——當然也沒有，正如老一輩人所言「隨人跑」一般，只因明知不可為而為之（就像我不顧父母反對，選擇離家出走進戲班追求理想一樣，他們當然也不可能同意我下嫁一個大我十五歲又一事無成的男人），我就是這樣一個一意孤行膽大包天，任性妄為的女兒，等他們因為親友從《自立晚報》看到我生產的消息才輾轉得知我的近況，一切已經生米煮成熟飯，即便他們要我在丈夫與父母之間做選擇，我還是決意守護這個一無所有的家，只因相信親情血緣是永遠斬不斷的牽絆，就像王寶釧堅持跟隨薛平貴，期望有朝一日良人能夠功成名就，可以讓父母在娘家親友面前揚眉吐氣，不過真沒想到一樣要苦守寒窯十八年！說要與我斷絕關係的父母，沒多久就硬不起心腸，萬般無奈也得接受這個事實！

我家方博士放棄穩定的工地主任五萬多薪水不做，決定創業栽種石蓮花，擅長做生意的母親跟著搬來與我們同住大社草茨，加入販賣石蓮花的行業，一年後石蓮花生意稍有獲利正想擴大種植面積，姊夫的朋友就說要收回土地，不得已只好搬到鳳鼻頭山下的芒果園，那是他在許多年前跟在地老農購買的權利地，因為處於荒郊野外，背後又是一望無際的夜總會（亂葬崗），若不是為環境所逼，他真的不放心讓我們母子住到那裡去，而母親當時被父親敗光家產，為了生活決定獨自在大社賃屋而居，繼續在觀音山大覺寺前賣石蓮花。

從大社搬遷至小港，農園設施加上搭蓋居住的鐵皮屋，讓我們的負債（會錢加借款）迅速累積到一百多萬，債務的黑洞怎麼也填不滿，每當錢關難過時，我還是厚著臉皮向母親求援，而母親總是一面數落著我，一面拿出辛苦的積蓄借給我。在農業奮鬥了許多年，明明付出比別人更多的努力，卻只弄得債臺高築（幸虧相挺的朋友都不催討），最高負債額七、八百萬，每天睜開眼睛都不知道自己還能撐多久，結果是「有心栽花花不發，無心插柳柳成蔭」，我把陸續在《台灣日報》副刊登出的散文集結成《幸福田園》一書，我家方博士心血來潮也跟著發表他研究多年的《痠痛經穴療法》，夫妻連袂出書，加上他獨特的「手痛醫腳，腳痛醫手」顛覆傳統的經穴用法，引來媒體爭相報導，大量因痠痛求救無門的病患與買到書前來虛心求教的醫生，讓我們短短數年就還清負債，母親正好可以拿回借給我們的錢，買下大社白宮大廈的住家。

我自認是個不孝女，所以在經濟好轉之後總是極力想要彌補父母，尤其是辛勞一生的母親，可是她卻在買下大社的家之後沒幾年就病倒了，因為心臟衰竭併發肺水腫，不但完全無法平躺睡覺，連呼吸都倍加吃力，住院期間又發生中風（幸好只影響一隻手較無力），一年內進出醫院五次，兩度發病危通知，陪侍在側的我真是心痛如絞，深刻感受到「樹欲靜而風不止，子欲養而親不待」的悲傷與無奈！她一再聲明交代危急時不要插管搶救，我怎忍心尚未回報母恩於萬一即放手讓她離世？在她病情正嚴重時，即便能暫時出院也需要有人照顧，我接她來農場養病，每晚我都睡在她旁邊的一張小床，聽著她沉重的呼吸聲與譫妄發出的囈語，流不盡的淚水恰似償還母親為我所流的眼淚！

有一天母親突然問我：「現在是幾月了？」我回答說是農曆三月，她說很想吃桃子、李子，還念了一句她小時候的童謠：「三月三，桃子李子挺頭擔。」我含著淚說：「我去菜市場看看有在賣沒有。」結果真的是桃子、李子的旺季盛產，買回一些桃子、李子給她吃，卻又深怕那是她最後的心願而暗自痛哭，幸好吉人自有天相，那年關關難過關關過，總算病情逐漸平穩下來！讓我有機會帶她到處吃美食嘗鮮，享受人生難得的幸福滋味，雖然時間來得有些晚，但我會日日求佛及菩薩庇佑我苦命的阿母能多享幾年清福！

醃桃李

2 人份

材料

桃子　2 顆
李子　10 顆
（分量可依喜好自行增減）

調味料

純梅子粉　50 公克

作法

1. 桃子、李子洗淨，桃子剖瓣，李子用刀劃幾道線。
2. 將梅粉撒在桃子和李子上，適量拌勻，再置於冰箱冷藏醃漬半天即可食用。中間偶爾可攪拌一下，使其均勻入味。

美味 TIP

發揮一下我阿母勤儉持家的精神，醃漬桃李剩下的梅汁可加蜂蜜調成冷飲，絕不浪費！

鹹清鯽仔魚

知道父親愛吃有飽滿魚卵的「本地鯽仔」，有一次在市場看見肚圓飽滿的鯽仔魚，買些回來與鳳梨豆醬、糖、醋、醬油紅燒，送去給他吃，父親沒說什麼，他向來不太表達他對食物的喜好，反倒是母親說他愛吃鹹清的，就像阿嬤做的那樣。所謂鹹清就是以少許油爆香薑絲，順便將鯽仔魚兩面煎赤，加水淹過魚身，加一大匙鹽（不能太淡會不香），細火慢滷，中途魚要翻面，煮至收汁即成，此法會散發濃郁魚肉香氣，鹹中帶甘，最能展現本地鯽仔豐腴肥美的滋味。另有一種稱為「軟骨鯽仔」，同樣肚子圓圓大大卻無魚卵，我家方博士說那是俗稱「鮘仔」的小鯉魚，不知是否真的如此？這種「軟骨鯽仔」不適合用來鹹清，做蔥燒鯽魚味道還不錯。

父親可說是一個聰明人，可惜聰明都不用在正途上，聽說他少年時因為不願意吃番薯籤，想吃新鮮的番薯，去田裡撿番薯時會故意在竹籃下釘幾根鐵釘，鄉下人比較有人情味，番薯收成犁田時主人家會先堆成一堆，沒種番薯的人可以跟在後面撿拾掉落的番薯，父親總會故意把籃子往番薯堆上用力一蹬，籃下的鐵釘便能順手牽羊般帶走幾條番薯，如此偷雞摸狗的事不下一兩樁。父親年輕就歹子浪蕩好賭成名，外公明知這樣，媒人上門礙於情面還是答應親事，讓我母親為此辛勞一生，到現在年近八十依然賭性堅強，每天不是去觀賭就是簽賭，所領的老農年金及我給他的年節紅包與零用錢全數都用在賭博上，有時還會欠賭債讓人上門催討。母親好不容易買下的四樓透天房屋被父親一夕之間敗光後，近乎妻離子散的境況並沒有讓他幡然醒悟，他仍舊終日沉迷賭博，到處向親友借錢，日復一日做著發財夢。

童年在故鄉的日子有些情景像照片般停留在腦海，有一幕是父親跪在廳堂，周圍滿是親友，那應該是父親做古物商（資源回收）因為贓物罪被關，出獄回來的時候，門口擺著「過運」（去霉氣）的炭爐，不記得阿嬤有煮豬腳麵線，但在他身繫監獄之時，母親每月去「寄鹹」（送零用錢與食物），其中應該會有阿嬤做的鹹清鯽仔魚吧？對於這個她最掛心的長子，阿嬤此生所流的眼淚何止一公升？都可以用淚水當鹽調味了。現在父親年老動作遲緩，總是拖著腳走路，因為攝護腺肥大會漏尿，他又不肯包紙尿褲，加上懶得洗澡更衣，經常渾身充滿尿騷味，從年輕到老嚴重的鼻竇炎讓他聞不到自己身上的臭味，卻總是惹得母親一再怒罵他，弟弟也常因為他的衛生習慣不良而揚言要把他趕出去，但無論他有多可惡或討人嫌，終究他還是我們的父親，在我們的生長過程中，他除了不負責任外，對我們也並非毫不疼惜，在他有錢的時候（賭贏），給我們的零用錢出手總是很大方，對我們也很少打罵，在我離家出走去戲班流浪之後頭一次回家，父親還是什麼話也沒說，只是紅著眼眶看我，母親則是背對我邊洗衣邊哭邊罵：「妳還知道要回來？外面敢有比家裡好？」

我常思考一個問題：如果母親年輕時有足夠的智慧應對，不要一而再，再而三的替父親還賭債，也許父親就不會濫賭到老吧？誰知道呢？母親斬釘截鐵的說如果前世欠他這麼多，還到現在也還完了，下輩子絕不與他碰頭，她總怨嘆自己在村子裡也有不少愛慕者，隨便嫁都比嫁給父親好百倍，我會半開玩笑回答她：「如果妳嫁給別人，就生不到我這個女兒了。」

我那愚癡的父親，在人生的盡頭依然故我，不知惜福，我們也都拿他無可奈何，就像阿嬤一樣，即使兒子再不成材，她還是記著做他愛吃的鹹凊鯽仔魚，每次我照著阿嬤的手路做這道菜，問他：「佮阿嬤做得同款否？」他都說不夠鹹，是啊！那當中有多少阿嬤的眼淚他知否？而我們之所以未曾拋棄他，是因為心中還有愛啊！

鹹清鯽仔魚

2 人份

材料

鯽仔魚　2尾

薑絲　少許

調味料

食用油　少許

鹽　1大匙

作法

1. 鯽仔魚洗淨後備用（若是活魚要先放冷凍，不用刮鱗與剖腹，待死亡後再拿出）。
2. 起油鍋，放入薑絲與魚，一起兩面煎赤。
3. 鍋中加適量水淹過魚身，放一大匙鹽（要有鹹才會甘），滾沸後轉小火，中途要翻面，滷煮至收汁即完成。

菱角

從小我就是個「歹搖飼」（難養）的囡仔，頭一胎就讓母親吃足苦頭，整整十個月都在「病子」（孕吐），也許因此營養不良所以天生體質虛弱，嬰兒時期在台北冬天感冒發燒，一天跑兩家診所是常有的事。後來父親入獄，母親為了謀生把我們三姊弟帶回故鄉給祖父母照顧，每次一感冒就嚴重扁桃腺發炎孵膿，反覆高燒不退，連吞口水都困難，腦海中存在最深刻的記憶是我坐在屋簷下，曬著冬日暖暖的太陽，卻像隻「嗄咕雞」（生病雞）一樣，氣力虛弱的不斷咳痰，若發起高燒阿嬤就去叫村裡唯一的醫生（當然是無牌的）來打針，所以長大後我的臀部兩側明顯凹陷就是這樣來的。

我的童年多災多難還不止如此，記得有一年村裡拜拜大熱鬧，到處有人燒金紙，鄉下孩子平時都是打赤腳走路，只見一片正在燃燒的金紙被風吹過來，恰好就掉落在我的腳背上，造成嚴重燙傷，整個腳盤紅腫起水泡，忘了阿嬤用什麼藥膏幫我治療，只記得痛了很久。另一次是在路上踩到菱角殼，被菱角尖刺入腳跟的邊緣，隔兩天便因細菌感染紅腫化膿，應該有引起蜂窩性組織炎吧！還請那位鄉下密醫來治療，跛足好久才痊癒。在鄉下的生活大家都過得很簡單，連菜市場都沒有的村落，全靠自給自足以及向流動菜車採買，菱角其實是不常見的食材，會被刺傷真的是夠倒楣。

我讀完三年小學才離開故鄉，算算當時也只有十歲年紀，卻已經很堅定自己的未來想成為歌仔戲小生，我愛看歌仔戲是全家族都知道的事，小小年紀跟著姑姑們走到鄰村去看戲到深夜也不覺得累，自己村裡的大廟在酬神演戲時，更是整天黏著戲台捨不得離開，一直默默流連在台前台後觀察著演員們的言行舉止，尤其對小生特別崇拜，連她抽菸、喝酒、賭博也覺得很帥氣，從未上戲前的化妝更衣看到散戲後的卸妝拆棚，看戲班準備離開時我的內心會滿是惆悵，就像有什麼被掏空了一樣。我阿叔常取笑我：「除非戲棚腳爛去，伊才會沒去看戲。」銀秀阿姑還預言說：「看戲看佮赫爾入迷，以後敢會隨戲班走？」我很想大聲說出我想要去學做歌仔戲的心願，但怎麼也無法說出口，因為大人們總是用一種輕視的態度在談論這件事，他們讓我清楚感受到歌仔戲這個行業是不受尊重的，也不算體面的行業。在大家族的生活當中，心思敏感的我常常因為大人的言語受到傷害，小時候我很愛躺在銀秀阿姑的房間，聽她做衣服踩裁縫車的聲音，以及跟幾個堂姑的閒談，有一個堂姑說：「彼日在路上，看著阿葉仔尹查某团（女兒）偌行偌比（邊走邊比動作），在學做歌仔戲的款，有夠三八！」我感覺那些話像故意在說給我聽一樣，我的心隱隱作痛，比我那被菱角刺入的腳跟受傷更深。

我的作品《失聲畫眉》獲得自立報系百萬小說獎時，接受媒體採訪最常被問到的一個問題是：「妳為什麼會愛上歌仔戲？」我反覆思考歌仔戲吸引我的原因，也許是他們所穿戴的亮麗服飾與色彩鮮豔的化妝，或者是四海為家的流浪生活能與遼闊的外界聯繫，讓我想跟著去探索？我也無法真正明白，如今回頭看自己的過往種種際遇，只能說沒有進戲班的那段經歷，我就不會是今天的我。當初不顧家庭反對，選擇離家出走跟隨戲班四處奔波，在載運布景與戲籠的卡車上披星戴月，一個鄉鎮走過一個鄉鎮，因為社會風氣的改變，歌仔戲這個傳統戲曲已經不是我小時候嚮往的那個單純模樣，讓我有種時不我與的感嘆。歌仔戲的黃金時期我沒躬逢其盛（在戲院演出稱為內台戲），我在野台下著迷看戲時，雖然有些已經改為錄音對嘴演出，但事先灌錄的戲曲還保有優美的唱腔與四句聯對白，到我進那個少女歌劇團時，卻要與電子花車的歌舞女郎拼台搶觀眾，前半段演夜戲後半段跳相思豔舞，教人情何以堪（雖然我是初學者不用下場跳舞）！

以我在戲班那半年的親身經歷為題材寫的十萬字長篇小說《失聲畫眉》得獎後，

八珍烏骨雞湯

2 人份

材料

烏骨雞　1 隻
雞高湯　400 毫升
八珍藥材（人參、白朮、茯苓、甘草、當歸、熟地黃、芍藥及川芎）　1 份
米酒　2/3 瓶

調味料

鹽　少許

作法

1. 烏骨雞用滾水汆燙，去血水雜質後洗淨備用。
2. 鍋中放入適量雞高湯（可多買一副雞骨架熬湯），加入藥材與烏骨雞，再倒入米酒與雞高湯至淹過雞身（酒及湯各半）。
3. 湯鍋加蓋放入另一個大鍋中（底層要放蒸架），外鍋加水至湯鍋的一半高度，加蓋隔水蒸燉 3 小時（雞肉的軟爛度可依時間自行調整），最後以少許鹽調味即完成。

魚脯

阿嬤在家族中是個沒有聲音的人，因為不擅言詞，她總是習慣默默做事，即便晚年已經不用再做任何家事，年節喜慶子孫滿堂，她多數時候也都是坐在一旁聽大家說話，偶爾才接個一兩句。我們小時候在故鄉生活的那幾年，為了給年紀還小的弟弟們吃粥配魚脯（魚鬆），阿嬤會買便宜的「狗母梭」來撫魚脯，狗母梭屬經濟價值不高的下雜魚，用來油炸或製成魚鬆有特殊香氣，但我家方博士不知為何對狗母魚過敏，一吃便吐，即使不告訴他是「狗母魚鬆」，他的嘴巴也很靈驗，所以只要有人送這樣特產，我都直接帶回娘家孝敬父母。

我家方博士少年時有段時間很愛釣魚，十幾歲時前鎮河裡布滿進口的大杉木，大杉木必須泡在水裡防裂，日久生苔，引來許多好吃青苔的「變身苦」，他常和友伴在大杉木上跳來跳去釣魚，拿著一根爛釣竿，憑運氣也能釣上一兩條肥美碩大的「變身苦」。「變身苦」學名黑星銀拱，背鰭與臀鰭有毒棘，屬神經毒，會造成劇痛，但牠因為嗜吃青苔成長緩慢，肉質格外鮮美，價格也相對昂貴。傻傻的少年郎去釣「變身苦」，初時不懂危險，見到魚拉上來伸手去抓立刻被刺傷手指，他說那種抽動神經的痛直透心臟，指頭紅腫丟丟丟個不停，很自然就想要撒尿，順便把受傷的手指用尿液澆淋一下，竟然漸漸不痛了，被刺個幾次後，彷彿身體已經有抗體，只會輕微刺痛而已。

台灣有五大毒魚：一魟、二虎（石狗公）、三鰻鯰（成仔丁）、四臭肚（象魚）、五變身苦。他在做永安火力發電廠的永久護岸時，空閒常在漁港附近的岸邊釣魚，有一次釣上來一條外貌有幾分像鯰魚的東西，他用手把牠抓住，拔掉勾子，放入魚網時瞬間感覺一陣劇痛，因為有被「變身苦」刺傷的經驗，所以他不以為意繼續釣魚，一會兒後他發現自己的半邊身體好像失去知覺，看著手時活動自如，轉過頭去完全不知道手在動，此時剛好有一位老漁夫經過他身邊，我家方博士把自己的情況告訴他，順便詢問那是什麼魚？老漁夫一見大驚，催促他說：「你還不趕緊去醫院，那是有毒的成仔魚，阮討海人曾有人被這種魚刺到中毒死掉。」可是他自覺沒什麼更嚴重的狀況出現，且隨著時間知覺又慢慢恢復，還是決定繼續釣魚。

小鬼湖開採大理石礦造成事業失敗，他沉潛許久才在我的鼓勵下重返土木工程界為人作嫁，一生未曾應徵過工作，連履歷都是我幫他寫的，憑著豐富的施工經驗，一度還曾進入一家工程顧問公司當工地主任，代表甲方（高雄市政府）監督乙方，當時公司裡有兩三個主任分別派駐在不同工地，他是唯一一個不接受招待上酒店的（果真浪子回頭金不換），乙方營造廠知道他愛釣魚，總是投其所好，出錢拜託他去釣魚回來分給大家吃。當時海釣場釣風正盛，每個假日他都帶著我們娘兒倆開車去東港釣魚，最高紀錄連續休假四天他連釣三天，我抗議說就不能休息一天嗎？結果當天不論我提議要去哪裡走走他都一直賴床不起來，直到我說不然再去釣魚好了，他立刻一躍而起，馬上整裝出發。當時海釣場一節三小時收費一千元，釣上來的魚可以帶回家，也可以由海釣場收購批發給魚販，但我們都分享給一些好朋友，卻把大家的嘴越養越刁，從剛開始的「什麼魚都好」，到後來「只要班頭仔、赤翅仔，不要烏格仔」，弄得我只好把烏格仔撫成魚脯，再煮稀飯請大家來吃，這過程我收錄在《幸福田園》散文集中，結論是我們比當時的總統李登輝還好命，因為沒人會把高價的烏格仔拿來撫魚脯配粥。

撫魚脯全憑深印在腦海的兒時記憶，阿嬤在灶腳要忙上半天，魚處理好後要蒸熟，把魚肉剝碎去魚刺，加上食用油、砂糖、醬油細火慢慢翻炒，用「撫」的動作逐漸把魚肉炒成魚鬆，完成後還要攤在「桶盤」（鋁製四方大端盤）裡面，仔細挑出暗藏的細刺，免得金孫被魚刺哽著喉嚨。

我家方博士的么弟在七股養魚，經常把草蝦與虱目魚放養在一起，如此可以讓牠們共生，水質不易變壞，他有時會一次送來十多條肥美的虱目魚，如果不分部位處理很占冷凍庫空間，我會把魚分成頭、尾、魚肚、魚背鰭四個部分，魚頭滷煮鳳梨豆醬，魚肚可煮湯或乾煎，魚尾正好用來撫魚脯，而魚背鰭以醬料略醃後煎赤，豐富的膠質很令人驚豔，這除了要有高超的刀功外，所謂「工欲善其事，必先利其器」，要殺要剮要刮鱗，沒有一些好刀具可不行。有一次我去前鎮漁港買回一條大草魚（約有十斤重），為了殺那條七百八十元的草魚，我買了一把大刀加大槌子花了一千兩百元，笑壞我家精通刀法的方博士。

對於虱目魚的吃法，我阿嬤最常做的是與醃瓜、醬油、糖一起燒煮，有醃瓜提味，虱目魚會別有一番滋味，那是阿嬤的手路菜，也是我的記憶裡無法抹滅的味道。

醃瓜虱目魚

2 人份

材料

虱目魚肚　1塊
醃瓜　1條
薑絲　少許

調味料

醬油　2匙
糖　2匙
食用油　少許

作法

1. 虱目魚肚洗淨；醃瓜切片後抓洗去鹹。
2. 起油鍋爆薑絲，倒入醬油、糖及水後燒開。
3. 鍋中放入虱目魚肚與醃瓜切片，慢火滷煮約15分鐘使其入味即完成。

延伸料理

虱目魚脯

1. 虱目魚魚尾蒸熟去魚皮、魚刺，再將魚肉剁碎。
2. 炒鍋放適量食用油（比炒菜多些，因魚肉會吃油），加入魚肉慢火翻炒，過程中再加入少許醬油、砂糖調味調色。
3. 邊撫邊炒至魚肉化成魚鬆，倒入大盤挑除細刺即可。

破布子

我母親在大社觀音山大覺寺前做了十多年生意，最早是賣我們栽種的石蓮花，後來賣故鄉朴子的日曬麵線和菜脯，因為被我那嗜賭如命的父親敗光她前半生的辛勤積累，當時已經五十多歲的母親租屋居住在大社，一心一意要再買間房子好遮天，每日往返大覺寺守著小小的攤位，珍惜賺取每一分錢的機會。

母親此生除了自家七姊妹外，不曾有過知交的朋友，直到來大覺寺做生意才交到幾位好朋友，她與挽面的阿姨及住在鳳山厝的阿姨三人是「呸嘴瀾（吐口水）換帖」的結拜姊妹，鳳山厝的阿姨最大，母親排第二，挽面的阿姨排第三，後來會買下大社白宮大樓的房子也是挽面的阿姨介紹，她住五樓母親住三樓，彼此往來密切。

挽面的阿姨是大陳義胞，到台灣來的時候才沒幾歲，走過艱困時代的那一輩人，一生無不辛勞勤勉，她與母親兩人每天堅守觀音山的攤位，也堅守一個家庭的溫飽和樂！即便先生不體貼，也從無怨言。鳳山厝的阿姨比較好命，她的先生是公務人員退休，有穩定的經濟可以養老，每天騎機車來觀音山走走，總會買東西來給母親與挽面的阿姨吃，後來身體健康不允許，改成母親和挽面的阿姨會在雨天不做生意時去鳳山厝找她聊天，當時每年的母親節我都會帶她們三人一起出去吃大餐，留下許多值得回味的照片。

她們都戲稱我是她們「公家（共同）的女兒」，沒幾年光景，母親因為心臟衰竭退出觀音山的生意場，再來則是挽面的阿姨乳癌病逝，母親北上由大弟奉養，三個「呸嘴瀾換帖」的結拜姊妹再無機會見面。

母親在觀音山還交到另外兩個好朋友，一位正巧是退出文壇多時的小說作家洪振嘉的母親，一位是在假日才來觀音山做生意的阿姨，母親總是暱稱她「麻吉」，年齡差不多的婆媽們總有一堆經可念，自然培養出甘苦與共的姊妹情誼。母親病後將所有生意基礎無償轉讓給她的「麻吉」接手，讓她增加不少收入，在朴子幫忙寄送貨物的小阿姨對母親白白將生意攤送人很不以為然，這個「麻吉」阿姨也是很有情義，來我們居住的「市外桃源農場」探望母親好幾回，每年端午過後破布子開始出產時，她知道我母親喜歡吃破布子，都會做上一箱冷凍寄來，讓母親整年都有破布子可以吃。

以前我們尚未遷移至農場居住時，母親和四姨兩人曾利用採收破布子時期所砍下的枝條，扦插在農場的大圳溝邊，可惜雖然有出芽，最後仍未種植成功，因為破布子很會「假活」，而且據說扦插破布子有個祕訣，如果當日砍的枝條當日扦插，隔年就會生樹子，如果當日砍隔日種下，要再隔一年才會生，不知是不是真的這樣？

破布子或稱樹子，春末開黃白花，夏季結出滿樹綠色小小圓形的果實，當果實由綠轉黃即是成熟可採收，具有黏性與甘味，熬煮熟透後可製成罐裝顆粒狀的蔭油甘樹子，用來蒸魚可增添甘醇風味，比加魚露好吃多了。製成塊狀樹子餅，用來炒豆腐或蒸蛋都很好吃，是配地瓜粥的上選小菜。破布子有解毒與整腸的作用，對消化不良的症狀很有幫助，因為採收期正好與端午節相近，又是芒果盛產的季節，所以愛吃芒果的母親總說要吃些破布子解毒，吃多了粽子也要吃破布子消積，這是老一輩人的養生經驗。

今年因為閏六月節氣晚，已經到第二個閏六月才在臉書看見資深記者張躍贏大哥的文章〈破布子成熟季節，懷念外婆的滋味〉。勾起我對破布子的許多回憶，說要做一道樹子蒸魚回應他的文章，其實關於破布子的美食又何止一道，尤其是伴隨回憶的滋味特別美好，猶記住在大社田間草茨之時，女兒才剛會走路說話，與我們同住的母親當時還吃素，女兒總喜歡跟著阿嬤吃番薯粥配破布子，小小孩兒口舌竟能靈巧的吐出樹子的硬籽在空碗中，當下發出清脆的聲響，嬤孫倆便歡呼暢笑，此情此景彷彿就在眼前，也許因為有那些共同生活的成長經驗，才讓她們嬤孫的情感特別親密吧！

摘破布子。（照片提供：張躍贏）

塔香破布子

2 人份

材料

樹子餅　2 個
豆包　2 塊
雞蛋　2 顆
九層塔　少許
薑末　少許

調味料

素沙茶醬　1 大匙
食用油　少許

作法

1. 樹子餅拆散挑出硬籽（以免吃時咬崩牙齒）；豆包切細塊。
2. 起油鍋，炒香薑末與豆包，再加入樹子肉與素沙茶醬拌炒 1 分鐘。
3. 鍋中打入雞蛋煎炒至表面黃赤，再加入洗淨的九層塔與少許水使其濕潤些，最後拌炒幾下即可起鍋盛盤。

美味 TIP

破布子處理法

1. 取一水桶放半桶水，將摘下的樹子先浸泡在水中，洗淨樹子放在大湯鍋中，水加到淹過樹子再稍多些即可。
2. 煮沸轉小火熬煮至樹子熟透（測試樹子熟透的方法是撈出一顆摔在流理台上，硬籽能輕易與果肉分離便是），加入適量的鹽（看樹子的量而定，一包或半包）與白蔭油（增添甘味）使樹子因鹽滷而易於膠著。
3. 用有洞的漏杓撈出樹子，置於小碗中，再用飯匙壓擠成型，即成樹子餅。

★ **如果要製作罐裝蔭油樹子，只要撈出煮熟的樹子浸泡在白蔭油（南北貨行可買到）中裝罐冷藏即可。**

東石蚵和塭豆

我的故鄉東石以出產蚵仔聞名，雖然我有阿姨與姑婆嫁在靠近漁港那裡，小時候卻不常有機會到東石去，正確說我們生長的圍子內（圍潭村）並不靠海，而是一個偏僻的農村，連菜市場都沒有，只有菜車偶爾會經過，遇到年節拜拜需要採買時，我阿公會騎著腳踏車去幾十公里遠的樸仔腳（朴子），那是當時最大的城鎮，母親說她年輕時元宵節會去朴子配天宮看花燈，已有三百多年歷史的配天宮媽祖相當靈驗（她大概沒為自己祈求好姻緣），傳說是布袋半月莊先民林馬因篤信媽祖，從湄洲祖廟恭請分靈媽祖要回家恭奉，行經牛稠溪畔於一棵千年樸樹下歇腳，要再起程時卻請不起媽祖，請示後得到媽祖要在此地發跡的旨意，這也是朴子古地名為樸仔腳的由來。也許是靠海的緣故，東石鄉也有一間遠近馳名的媽祖廟——蚶仔寮笨港口港口宮，同樣有三百多年歷史的港口宮，恭奉的是被敕封為天上聖母的黑面三媽，我從小耳聞許多聖母的神蹟，有機會不妨去參拜一下。

東石近幾年來因為快速道路開通，地方政府極力發展觀光，雖然有漁港可吃海產，有溼地公園可遊覽，假日許多遊客會去看蚵民剝蚵、吃蚵嗲，但要深度旅遊還需要有年輕人願意返鄉投入經營，這才是最難解決的問題，因為年輕人多不肯離開五光十色的都市，回到幾乎沒什麼娛樂場所的窮鄉僻壤，從我父母那代開始外出謀生，人口就一直外流，到目前可說就剩老弱婦孺了。記得我在故鄉讀國小（三年級前）時，每逢寒暑假會帶著兩個弟弟坐野雞車到高雄找父母，開學後總是一再炫耀高雄的種種新奇見聞，內心充滿虛榮！

我的二姨秋鶯是東石漁港行口大牌，即使年近八十歲仍看得出來年輕時的美麗樣貌，母親說她還是小姐時因為愛漂亮，故意把一顆角齒（犬齒）做成銀色，應該是當時的流行，而排行老五的母親自己則愛留長頭髮，繫著一條長絲巾，連下田鋤草都身穿整套送洗熨得筆挺的白襯衫與半截褲（半短褲），一手勾著尾端懸掛水壺的鋤頭，一手扶著腳踏車的手把騎在田岸上，長髮與絲巾隨風飄揚，不時引來路旁青年們的口哨此起彼落，當母親說著這些往事時，語氣仍充滿得意，但說起她的婚姻就怨聲載道，當初因為我祖父託隔壁大松伯出面說親，礙於大家都是好朋友，外祖父明知我父親風聲不好（愛賭有名），還是硬讓不樂意的母親出嫁，因此誤了女兒一生，母親咬牙切齒的下了一個結論：「我敢是前世牽牛踏破尹姓莊的奉金甕仔，這世人才著來做牛做馬還尹袜了！」

受過日本教育的外祖父是師承西螺七坎阿善師一脈的老接骨師，熟知漢藥醫理，生下大舅之後一連生了六個女兒，之後才又生兩男一女，母親對於外祖父重男輕女的觀念頗有怨言，說他總是把「生一个查某囝衰三冬，生三個衰一世人」掛在嘴上，如果不是這些女兒幫忙賺錢改善家境，他那些兒子們哪有好日子過？我想母親心中最大的不滿應該還是她的婚姻吧！

記憶中以前在鄉下常有小販來賣現炸的蚵嗲（台語發音近似苦嗲），但節儉的阿嬤並不常買給我們吃，所以感覺特別懷念，現在蚵嗲已經成為去東石必吃的小吃，春天過後蚵仔逐漸肥美，正是吃蚵的好季節，有機會去東石一定得嘗鮮，但東石還有一種魚特別好吃，就是長在塭仔（養殖池）裡面的豆仔魚，我們稱之為塭豆，外形近似小尾烏魚，巴掌長，肉質細緻，先入鍋煎赤再以蔥、薑、醬油糖醋紅燒，有著說不出的好滋味，想到就流口水呢！

紅燒豆仔魚

2 人份

材料

豆仔魚　2 條
薑絲　少許
蔥段　少許

調味料

食用油　少許
砂糖　1 匙
黑醋　1 匙
醬油　2 匙

作法

1. 起油鍋下薑絲，與豆仔魚煎至兩面赤黃。
2. 鍋中加入適量砂糖、黑醋及醬油（以鹹度夠為原則），再放入蔥段與 1 杯水，小火煮至收汁即可（過程要兩面略翻一下，使其均勻入味）。

延伸料理

蚵仔煎

1. 蚵仔洗淨瀝乾水分；雞蛋、蔥花適量；小白菜洗淨切斷；太白粉水 1 杯（太白粉 1 杯加 2 杯水）。
2. 取平底鍋用中火下 1 匙豬油（較香），再放蔥花與鮮蚵略炒，加幾匙太白粉水，並打 1 顆雞蛋，最後放小白菜，即可煎成一份蚵仔煎。

★ **蚵仔煎醬料：先用番茄醬加糯米粉水調煮成稠狀，再用醬油膏加糯米粉水調煮成稠狀。最後將兩種醬料各淋一匙在蚵仔煎上即可。**

炥土豆和烘鰇魚

我們五年級這一代，出生於台灣剛走出貧窮的大環境中，生活還不富裕，心靈卻很充實，每個人都有屬於自己的夢想可追尋。我最大的夢想就是成為歌仔戲小生，為什麼我會立定這個志向？應該與環境有很大的關聯吧！或者又是命運的安排？

小學三年級前我與兩個弟弟都交由故鄉的祖父母與未出嫁的銀秀阿姑照顧，祖父母種田，銀秀阿姑在家做衣服兼照顧我們三個孩子的生活起居，未上學前我們就像野放的雞鴨一樣，大的帶小的一起在村中到處遊蕩，玩泥巴、玩踢罐子、玩掩咯雞、玩家家酒，只有吃飯的時間才會回家。廟口是我們主要的遊戲場，偶爾晚上也會有人來做場賣藥，那可是我們開眼界的機會，曾看過一籠一籠各種不同的蛇類與蛇酒，也有「扑拳頭賣膏藥」的武術高手。

到底是幾歲開始立定志向想去學歌仔戲我也不清楚，只知道從我有記憶以來就很喜歡歌仔戲，在偏僻落後的農村，連電視都不普遍，三台還不齊全的年代，廟會酬神的野台戲是大人孩童共同的娛樂，我們圍潭村共有兩座大廟，前方稱為新茨仔（母親娘家就在廟旁），後方才是我們圍仔內，同樣都供奉五府千歲與其他神祇，不論哪座廟有歌仔戲演出，阿嬤和姑姑們都一定會搬椅子去看戲，記憶中最遠還曾去到村外稱為洲仔的彼庄，在暗夜中走了好遠好久。

弟弟們與其他村童穿梭在戲棚下不為看戲，而是為了擺在戲棚旁邊賣烘鯀（魷）魚和烤香腸的小販，那塗上醬油、糖並烤得香氣四溢，剪成小塊販售的魷魚，光是看著流口水也過癮。而我則徘徊於台後，好奇觀看演員們化妝、梳頭與談笑，心裡充滿嚮往。每次有戲班來演出，我就會像著迷一樣，從演出前守著戲台直到散戲，因此被叔叔譏笑：「除了戲棚腳爛去，偌無絕對無可能沒去看戲。」姑姑更是直接下斷言：「看戲看佮以後會隨戲班走。」也許是看出我心裡所做的戲子夢，大人們說到歌仔戲班這個行業總是語帶不屑，讓我自然不敢把夢想說出口，只能一直藏放在心中。

在故鄉生長的那段日子，並不常有機會吃零食，除非是父母回來團聚，才能討個幾塊錢好好享受一下簳仔店的美食。生活中偶爾烇個番薯，烤個魷魚（當然不像小販那樣塗醬料，而只是用火烤香而已），就算很美好了，記憶中故鄉的冬天氣候總是很寒冷，地上常結一層白色的霜，某個太陽露臉散發溫暖的早晨，因為小兒麻痺一手瘦縮的小叔叔閒來沒事，取出一個高的罐頭鐵罐，拿了一棵連藤曬乾的土豆塞入鐵罐中，用番仔火（火柴棒）點燃土豆藤，待火苗全熄溫度下降後，就把鐵罐裡的餘灰倒出來，讓我們翻找㓗熟的土豆吃。台灣人稱花生為土豆，外省人稱馬鈴薯為土豆，完全風馬牛不相及，曾聽過一個外省第二代的朋友說了一個他本省母親的故事，他說父母剛結婚的時候，他爸爸說要吃土豆燒肉，結果他媽媽做出來的是花生滷肉，因為生活背景不同，芋仔（外省人代名詞）和番薯（本省人代名詞）可是費了好大一番功夫才融合。

鄉下孩子最盼望的一件事不外乎過年，出外打拚平常難得見到的父母，不論路途多遠都會趕回來團聚，當時的圍爐可不是吃火鍋，而是真的起一盆炭火置於桌下，為歸鄉的遊子暖腳，一大家子人一起團圓吃年夜飯，飯後是孩子們最快樂的時光，叔叔一家、我們一家大人互給對方孩子紅包，再領爸媽的紅包，雖然最後紅包還是會被充公，至少還能有些零花。發完紅包後就是大人聚賭的時間，那個時代即使過年也都相當簡約，不像現在過年有那麼多糖果、瓜子、點心，頂多利用圍爐的炭火烤隻魷魚大家撕著吃，在充滿歡笑聲的大廳裡吃著烤魷魚，看大人們打麻將或做莊押注，直到眼皮沉了仍捨不得去睡覺，卻又期待著明天早晨起床換上銀秀阿姑為我們做的新衣服，到處去炫耀比較誰收到最多紅包。

現在要拍到剛採收的花生已經很不容易，感謝江明樹兄提供雨伯的照片（見左方圖），現代的孩子吃花生不見得知道花生是結在土裡的，生長在都市的年輕人越來越沒有鄉土生活經驗，我們的童年雖然物質貧瘠，心靈卻是富足的。

剛採收的花生。（照片提供：江明樹）

烤魷魚

2 人份

材料

魷魚　2 隻

調味料

蒜末　少許　　醬油　3 匙
辣椒　少許　　香油　少許

作法

1. 魷魚洗淨，剝除外膜。
2. 蒜末、辣椒、醬油和香油一起倒入小碗中，調成沾醬備用。
3. 烤箱以 180 度預熱 5 分鐘，接著放入魷魚，續烤 8 分鐘。烤時要注意魷魚的狀態，若有一邊捲起就可翻面繼續烤。
4. 烤好的魷魚盛盤，可單吃或搭配沾醬享用。

烏莧和刺莧
——寶釧菜之一

我在二〇〇二年出版的《幸福田園》散文集（其實應該稱為辛苦田園才是），收錄我成為現代農婦的點滴生活，其中有一篇「寶釧菜」，寫的是田間常見的野菜，為何我統稱為寶釧菜？典故來自小時候所看的野台歌仔戲，王寶釧拋繡球招親，選中乞丐郎君薛平貴，不惜斷絕父女關係也要跟隨薛郎至棲身的寒窯成為夫妻，怎奈薛平貴留下幾擔柴米從軍後十八年音訊全無，為了等待薛郎功成名就歸來，千金小姐靠著採桑與吃烏甜仔、烏莧仔、豬母乳等野菜活下去，直到薛平貴接到王寶釧寄託鴻雁的血書自西涼歸來，終於盼到可以揚眉吐氣回娘家的一天。而我的人生際遇也恰如王寶釧一般，都為了所愛的男人甘願拋棄一切。

母親在虛歲七十一實歲未滿六十九那年爆發心臟衰竭合併肺水腫，跟著引起中風造成一手無力，病況來勢洶洶，一年進出醫院五次，從此退出生意場，變成一個需要人照顧的病人，經常埋怨老天爺對她不公平，嚷著不想活太久拖累子女。住院期間醫生禁止她隨意下床走動（怕心臟負荷不了），連大小便都得在床上解決，因為一手中風無力，一手又插著針頭，只能由我為她擦屁股與清潔私處，雖然我們是母女，讓女兒為她把屎把尿仍讓她十分難為情，我總是故作輕鬆的跟她說：「阮細漢的時陣妳佮阮抳屎搦尿，今嘛換阮同款焉爾照顧妳。」有一次文友黃伯川南下高雄與大家相聚，當時另一文友陳文銓因母喪不久情緒低落，我上台分享照顧母親的心情，故意開玩笑說我也要來寫一首詩，題目叫做「拭尻倉」，一番話說下來讓黃伯川與陳文銓兩個大男人同時落淚，原來他們也有相同的經驗，後來大家你一言我一語地得出一個結論，就是我們這代還會替父母擦屁股，等到我們老了都是由外勞擦屁股了！

病後的母親由我接來農場照顧數年，偶爾吃到我採的山莧菜她總是糾正我說：「這是烏莧仔才對。」問她山莧菜和烏莧仔有什麼差別？她又說不出所以然來。近日在林園早市發現一攤專賣野菜的菜攤，請教賣菜的歐巴桑，她說山莧菜骨粗葉大，烏莧仔葉片與莖都細小很多，難怪在農場採摘的都很小棵，原來真的是烏莧仔，母親說烏莧仔很冷不能多吃，也許王寶釧就是吃多了烏莧仔和烏甜仔這類寒冷野菜，所以才能守十八年活寡吧？

炒山莧葉

2 人份

材料

山莧葉　1 把

薑末　少許

調味料

食用油　少許

醬油　少許

素沙茶醬　1 匙

鹽　少許

作法

1. 將山莧菜的嫩葉與嫩莖（撕去外膜折成小段）分開洗淨後備用。
2. 燒一鍋水加少許鹽，先燙嫩葉至水滾撈起，再下嫩莖待水滾後，小火煮約 2 分鐘撈起。
3. 炒鍋加油爆香薑末，轉小火（防燒焦）加入一小匙素沙茶醬與少許醬油（以鹹度夠為原則），再放入剛才燙好的山莧菜葉與嫩莖略炒，均勻入味後即可起鍋。

豬菜

——寶釧菜之二

近年來吹起養生食療風，豬菜成為追求健康者的寶貝，什麼是豬菜？就是番薯藤加番薯葉，在我小時候的那個年代，可沒人把番薯葉端上桌，因為那是給豬吃的食物，聽資深媒體記者張躍贏大哥說了一件趣事，台灣經濟繁榮後出現不少靠祖公屎（田產）致富的田僑仔，話說南部有位田僑仔北上探望兒孫，全家去大飯店吃飯，見菜單上有一道名為「萬年青」的料理就點來吃，結果送上桌的是一盤番薯葉，氣得直罵都市人是騙子，用給豬吃的豬菜煮給人吃，還賣得那麼貴，簡直是坑人！

我生長在嘉義縣東石鄉的圍潭村，窮鄉僻壤，我父母那代的青年輩皆出外謀生，小孩則交由祖父母照顧，雖然地理位置屬於東石卻不靠海，但每年都因為豪雨引起海水倒灌而全村淹水及腰。對少不經事的孩童而言，淹大水是一件有趣的事，等天氣好轉水勢稍退後，許多村裡的孩童會隨著大人出來用魚網撈魚，忽略潛藏的危險，因為村裡有好幾個池塘，平時養魚養鴨養鵝兼讓小孩戲水洗澡，讓大人「摸蜊仔兼洗褲」，淹水後全成汪洋一片，走在路上全憑記憶，如果一個不小心就會踩進池塘滅頂，鄉下小孩真的各個是天養的。最有趣的一件往事是大弟在淹水時和同伴去釣魚，因為屎急而就地解決，卻在此時浮標下沉，以為魚兒上鉤，不料卻拉上一尾水蛇，嚇得他連滾帶爬未顧攏褲！

故鄉的老宅是一座三合院，主屋五間中間是廳堂，按排行龍邊住大伯公一家，虎邊是我阿公，兩旁伸手住六叔公與七叔公。每天傍晚飯後大人們會搬出椅條聚在茨埕納涼開講，我最愛在一旁聽故事「噴話鬚」，七叔公是我們大廟五府千歲的乩身，特別有許多靈異故事鄉野傳奇可說。故鄉的廟會是我一年裡最大的念想，期待著所愛的拱樂社歌仔戲團來演出，站在戲台下做著成為名小生的美夢流連忘返，讓叔父們恥笑我「除非戲棚腳爛去，若無絕對無可能毋看戲」，記得有一次逢三年一科的五年王（不同於五府千歲）大拜拜，廟口搭了幾座戲棚演出布袋戲與歌仔戲，車鼓、舞龍舞獅等陣頭鬧熱滾滾，八家將還禁口（用類似布袋針貫穿兩頰），大約傍晚五點多犒將（村民備祭品於廟前拜拜）即將結束，我和幾位姑姑及婆婆媽媽們在廟埕尾燒金紙，神靈上身的七叔公身繫繡龍圍兜，背後滿是操法寶留下的斑斑血痕施施然走來，難得用白話（多數說天語）開著玩笑說「因為怕人說他無神才要說天語」，彷彿特來為我解惑一般。七叔公家有養豬，幾位正值青春年華的堂姑每天除了去工廠上班外，就是去割番薯藤、豬母乳，剁碎煮成溢（豬食）擔去豬椆餵豬，她們偶爾帶回來的雜誌書籍（《新女性》、《窗外》等），成了我小學時僅有的課外讀物。

母親說她少女時期生長於大家族中，每日要做許多農事，下田除草、割草餵牛、擔糞施肥，雖說姊妹眾多，但為求三餐溫飽仍得終年忙碌。在外祖父兄弟尚未分家之前，凡事皆由外曾祖父做主，母親總是形容他很會觀天象，明天會不會下雨他一看天象即知，當時鄉下人的主食是番薯籤，番薯收成要靠好天氣曬籤，若是曬籤途中遇上下雨把澱粉洗掉，不但久煮不爛也會有臭殕味，還得吃上一整年真的會吃到令人流眼淚。她說家中的番薯田要犁等同全村大事，只要前一天外曾祖父宣布要犁番薯，當天家中沒種番薯的村民就會搶著幫忙把番薯藤翻撿到土壠上，如此就能撿拾那壟犁田時掉落的番薯，母親說外曾祖父總會交代家人犁番薯時成串的收一收就好，不用撿得太乾淨，掉落的留給那些來撿番薯的人家，若是撿不到兩擔聽說他還會主動幫對方填滿，我未曾見過這位外曾祖父，但我欽佩他的為人，身教重於言教，俗話說「有量才有福」，他用自身為人處事的態度來教育後代，真是一位仁慈的老人家。

我家方博士第一次的務農經驗（芒果不算）就是種番薯，他請在地農民買番薯苗、整地、施肥，共花兩萬多元，農民笑說就算地瓜豐收也賣不到兩萬元，結果因為不懂要讓它結番薯得翻藤，放任它長成一片供人自由採摘番薯葉的菜園，種了一年共收一布袋「臭香」（蟲蛀）如指頭粗的小番薯。

番薯葉之所以成為養生蔬菜首選，主要因素在於含有豐富葉綠素，能淨化血液與排毒，還有高於一般蔬菜的抗氧化物質，能提升免疫力，含鐵質能預防貧血，含高鉀有助血壓控制，大量膳食纖維助消化防便祕，富含多酚可預防細胞癌變，還能改善更年期症狀與促進泌乳作用，好處不勝枚舉，難怪豬仔每天吃它長得十分健壯。前幾年還流行了好一陣子用紅番薯藤熬水喝，介紹的朋友說得好像治百病一樣，紅番薯葉炒菜口感不佳，但它多了花青素，抗氧化力應該比綠番薯葉級數更高，夏天熬水加黑糖口感近似青草茶，為了健康請多多食用！

蒜香番薯葉

2 人份

材料

綠番薯葉　1 把

蒜頭　少許

調味料

鹽　少許

苦茶油（或其他油品）　少許

作法

1. 綠番薯葉燙熟備用。
2. 蒜頭拍碎後放入鍋中，用苦茶油慢火炒至赤黃，再加入番薯葉拌炒（有些水分較好炒），最後以鹽調味即完成。

延伸料理

紅番薯葉黑糖茶

紅番薯葉連藤洗淨剪小段，加適量水熬煮一小時後，依個人喜好加黑糖（不加亦可），放涼裝瓶後冷藏，即可飲用。

豬母乳——寶釧菜之三

小時候在故鄉生活的許多記憶仍然鮮明，例如七叔公他們有養豬，豬舍就在我們祖茨三合院的後方不遠處，不時飄散出濃濃的豬屎味，鄰里卻不會有人抗議。堂姑們每天從工廠下班都要煮豬食，有臭香（蟲蛀）的番薯、番薯藤葉，還有豬母乳，有時堂姑們會撈起一些豬母乳當菜吃，當時不懂她們為什麼要吃那個，也許是下班後肚子餓，在那個物資貧乏的時代，除了三餐之外，少有人在吃點心，大家都是能省則省，但那燙過之後青翠帶紅的豬母乳看起來似乎也不錯吃的樣子，至少看她們吃得津津有味。

從小喜歡看歌仔戲，民國六十年代的野台歌仔戲開始有錄音班，我們圍潭村兩間大廟神明誕辰都會請拱樂社來演出，下午場演古冊戲，晚場演新編的歌仔戲，《王寶釧與薛平貴》就是經典的古冊戲。王寶釧苦守寒窯十八年，靠採桑及吃豬母乳、烏莧仔、烏甜仔等野菜過活，日夜盼望從軍的薛平貴功成名就回家團圓，在武家坡那個段落，王寶釧外出採野菜，七字調唱詞就有「三頓攏食豬母乳」這句，而被代戰公主俘虜歸降西涼做駙馬爺的薛平貴，後來成為西涼王，直到十八年後接到王寶釧寄託鴻雁的血書，才想起他在中原還有一個妻子，連夜身騎白馬走三關，自西涼歸來尋找他的王三姊，偏又要猜疑假裝豬哥戲弄她，真是個該死的混蛋！

豬母乳學名就是馬齒莧，為一年生藥食兩用的草本植物，有紅骨與白骨兩個不同品種，全草在藥效上有清熱、利尿、解毒、消腫、消炎的作用，對急、慢性菌痢的療效與治痢藥如磺胺脒、合黴素相仿。在營養學上它含有豐富的SL3脂肪酸，是形成細胞膜的重要物質，尤其是腦細胞膜與眼細胞膜，還含有維生素A，有助維持上皮組織如皮膚、角膜及結合膜的機能正常。其他營養素還有蛋白質、膳食纖維、鈣、磷、鐵、銅、胡蘿蔔素，及維生素C、B_1、B_2、尼克酸、核黃素等對人體有益的成分，不但有「天然抗生素」之稱，更有長壽菜的美名，以前的人常用豬母乳來飼豬，看來有其特別的用意。

我們住在「市外桃源農場」時，偶爾心血來潮會採烏莧仔或烏甜仔煮粥，回憶一下家鄉野菜料理的滋味，有一次去市場看見一位老阿嬤蹲在路旁賣野菜，純粹抱著捧場的心意買了一把豬母乳，她說用蒜頭炒炒就很好吃，結果回家被我們方博士取笑一番，原來門口旁邊的七里香盆景下就長了一大叢開枝散葉的豬母乳，而我這個「大目新娘」每天走來走去，竟從未發現它的存在，正如世人未曾知曉它寶貴的食療效用，臭賤的豬母乳，也有其存在價值。

新鮮的豬母乳（馬齒莧）。

炒豬母乳

2 人份

材料

豬母乳（馬齒莧）　1 把
蒜頭　少許

調味料

鹽　少許
食用油　少許

作法

1. 豬母乳摘取嫩莖葉，之後用滾水加鹽汆燙後備用。
2. 鍋中倒入油後爆香蒜頭，再放入剛才燙過的豬母乳，翻炒數下後加鹽調味，即可起鍋。

第二章／餐桌上的食光記憶

在家宴客端出來的是一片真心待人，即便沒有山珍海味，僅是幾道拿手家常菜，也比五星級飯店的料理珍貴。

深澳坑的山居歲月

我在希代出版社出第一本短篇小說集《泡沫情人》時，正隨著我家方博士去到基隆山上的深澳坑做培德路的第一期工程，租住在一處傳統老宅院，屋主是一位年近八十歲的老阿婆，因為自己獨居所以把多餘的房間全租給我們與工人住。初來乍到就被滿耳蟬叫轟炸，但老宅的蔭涼寧靜又令人心曠神怡，彼時我還充滿文藝少女的夢幻氣息，抱著飛蛾撲火的壯烈心情，不顧一切與所愛之人流浪到天涯海角，同甘共苦，過著只有今天不想明天的日子。

阿婆每天早起會去竹林工作，挖完竹筍就坐車帶去基隆市場賣，一些較醜賣不掉的竹筍她就剝殼切片用鹽醃，再用石頭壓出水分，然後日曬成筍乾，炒五花肉特好吃！我和阿婆常互相分享各自所煮的食物，她讓我如同見到故鄉東石的阿嬤，那有著老灶、甕缸的廚房，充滿我小時候生長的回憶。阿婆有兩個兒子，一個經常喝酒鬧事較不成材的住在附近，另一個較孝順的住市區當老師，阿婆因為不想離開住了一輩子的家寧願獨居。我們的到來消除她內心不少寂寞，原本打算租住一年半卻因現實問題只住半年就要走，阿婆每晚都暗自傷心落淚，讓我們很不忍心。

基隆是有名的雨港，大伯拿那件工程主要的賺頭都在土方上，為了祈求工程順利特別請出馬沙家的濟公師父坐鎮相助，預計一年半完工，那年雨季竟然沒下雨（基隆市長還設壇祈雨），讓他們順利搶挖土方做好擋土牆，結果數百萬工程款落袋沒多久就被大伯不知轉到哪裡去了，要材料沒材料，連生活費都匱乏，同去的老六、老么兩家人與我們都決議要離開讓老大自己去收尾，濟公的乩子馬沙開貨櫃車北上順道來探視，得知兄弟要散夥，起乩震怒將辦公室的物品砸毀，我站在門邊驚愕的看著這一切不明所以，接著馬沙突然來到我面前打了我一耳光，指責我不該說日後婆婆過世我絕不相送這種話，可我根本什麼話也沒說，當夜我的內心充滿憤怒輾轉難眠，面對一個神祇卻如此不公不義的誣衊人（雖說打我的是乩子，帳還是要算在濟公頭上），是可忍，孰不可忍？我拿出稿紙洋洋灑灑寫了一大篇指責祂不配為神，清晨天未亮即上玉皇宮告御狀，將稿紙燒於天公爐中（後來有位高人教我說以後要告神得用黃紙寫），那股怨氣才逐漸化解。數年後我家方博士有段時間受外靈干擾精神不太正常時，不知為何突然去馬沙家把那尊濟公砸毀，算是為我報了一箭之仇！

愛玉

日前與我家方博士回到霧台看豐年祭慶典，主要目的當然是要與杜瑞龍相聚，雖然以前在霧台做工程時，他家老大正式與當時擔任原住民立法委員的華家志先生結拜，但負責現場管理施工的是排行老三的我家方博士，所有工地所需的工人或材料（石塊與木材），只要跟老杜說一聲，使命必達，再艱難的任務，攻無不克，即便後來工程失利以帶登山團爬小鬼湖維生，一個嚮導帶隊，一個背負糧食砍柴燒飯，兩人依舊合作無間，團隊一抵達小鬼湖畔立刻有熱騰騰的飯可以吃，彼此間不必形式便親如兄弟。

我家方博士自從務農搞得一身負債後，整整十多年與老杜失聯，老杜說他做禮拜時經常向上帝禱告，希望此生能再見到老三一面，終於上帝完成他的心願，當方博士以《痠痛經穴療法》一書鹹魚翻生，心有餘力後終於想到去探望霧台的老杜，兩人才再續前緣，多年不見的他們見面緊緊擁抱那一刻，令我為之動容，這樣的情誼多麼可貴，老杜說他有交代孩子，在他快死的時候一定要通知的人，一個是牧師，另一個就是我家方博士。

近四十年前台灣的經濟剛開始好轉，許多原住民從山地部落到平地討生活，因為文化背景與觀念思想的差異，很容易被平地人欺負，回到部落看見我家方博士這些平地人，喝酒後常會藉酒鬧事找他們麻煩。有一次晚間休息時，我家方博士的司機與當地的原住民起衝突，被幾個原住民年輕人追打逃回住處，對方拿著番刀在門外叫囂，我家方博士出面擋在門口勸解無效，情勢十分緊張，杜瑞龍聞訊趕來，在場的幾個年輕人都被他狠狠打了一大耳光，並警告他們以後不可以找他朋友的麻煩，所有人一溜而散，足見老杜在部落的分量有多重。杜瑞龍年輕時是青年會的會長，勇猛有名，這在原住民部落中是最重要的條件，聽說早期部落各有獵場，如果侵犯到別人的獵場又不夠勇猛被抓，會被砍下頭顱用姑婆芋的葉子包起來，帶回部落舉行儀式，讓青年們拿著長竹竿當球刺，早期霧台豐年祭還有這個活動，當然那顆人頭球不是真的。

在當時的年代，原住民部落普遍貧窮，交通也不發達，我家方博士總會交代司機如果要下山，看見車站有人等車就讓他們搭一下便車，所以每次他們的吉普車下山都是坐滿人。有一天我家方博士經過一戶原住民家，看見一個肚子很大的孕婦癱坐在椅子上呻吟，丈夫與家人都陪在旁邊，他好奇詢問得知孕婦摔了一跤動到胎氣所以肚痛不已，他問說：「怎麼不趕緊送到山下的衛生所？」她的丈夫回答說：「我沒錢，沒辦法。」我家方博士便趕緊叫自家司機開車送孕婦下山治療。在山上做工程人力較吃重，常需要靠工人背負水泥或鋼筋上下山坡，因為相當耗費體力，所以在上午十點左右會煮點心給工人吃，結果發現來工作的原住民早上剛上工的時候都很沒力氣，一問才知道大家都沒吃早餐就來工作，乾脆連早餐都提供，但如果需要趕工時一定不能發工錢，否則隔天保證都喝醉無法工作，只有杜瑞龍是原住民中難得不菸、不酒、不吃檳榔的一個。他的哥哥杜巴男是霧台知名的雕刻藝術家，老杜則擅長製作石板，目前霧台的教會所用的石板，幾乎都是他奉獻。

當初會將工程重心轉往霧台，是因為有人去小鬼湖背了一塊質地精美的大理石出來，開始仲介遊說一個開山採石計畫，經過一個粗淺草率的探勘，確定那裡真的有大理石礦，最後由高雄一位具有深厚政治勢力的某立委負責申請到採礦權，由他們方家負責（獨自出資）將通往小鬼湖的一條日式棧道開闢拓寬，成為全長四十多公里可通行卡車運送大理石的產業道路，雙方合夥組成採礦公司。憑著在小港鳳鼻頭山炸山、採咾咕石做工程的經驗，他們方家兄弟自信滿滿地做著採大理石礦發財的春秋大夢，完全無視開工動土當天，殺豬宰羊祭祀時上天給予的警告——兩張新桌子各擺一頭豬與一頭羊，擺放近百公斤豬公的桌子沒事，擺放才幾十公斤公羊的桌子卻硬生生斷了一腳翻倒在地，象徵了他們採礦事業終將倒閉失敗的命運，他們花費數年的人力與物力把路開到礦區時已耗盡家財，採出來的大理石礦卻布滿雞爪紋，無法成為高價石材，多年的辛苦努力付諸流水！

因為他們開通了往小鬼湖的幾十公里山路，讓霧台、去努、阿禮等幾個部落的原住民方便進入深山打獵，及採靈芝、金線蓮、蘭花、愛玉等物產拿到平地販售，杜瑞龍也曾經靠著去霧頭山採愛玉養活一家人，他說一年最多產量高達四千多公斤，有平地老闆固定在山下買貨。

目前這條山路已因年久失修而封閉，老杜其實也年邁無法再入深山，但他與我家方博士見面所聊的話題仍是山裡的那些獵物，以及霧頭山下的愛玉，還有小鬼湖裡放養的德國鯉魚，他說湖裡的魚已經跟螞蟻一樣多了！我家方博士開玩笑問他：「山還爬得上去嗎？」他告訴我說，如果跟老三去山裡打獵，老三爬不動了，他會把野獸丟掉，把老三背回來，因為老三只有一個。老杜用他有限的詞彙反嘲我家方博士，他比我家方博士大了十歲，卻永遠是不服輸的老大哥！想當初我家方博士剛到霧台時還不到三十歲，卻因為「喝太多酒與抱太多女人」，爬個山坡（正確說是峭壁）一雙腳就抖個不停，這件事勢必成為兄弟間的笑柄。

每年元旦霧台開始櫻花季，我們有空都會呼朋引伴去霧台賞櫻，老杜家有一棵「櫻花王的弟弟」，是霧台第二大棵的櫻花，他女兒在家經營簡餐與販售自己種植的咖啡，還有採自大姆姆山的野生愛玉，老杜說全霧台只有他家的愛玉保證是真的，別人的他就不敢說了，他要求女兒寧可沒有愛玉賣，絕對不能賣假的愛玉，因為騙人的事業做不長久。其實全霧台鄉就屬老杜家的觀景台視野最佳，面對青山環繞，山嵐變化萬千，邊喝咖啡坐看雲起，煩惱暫拋腦後，真是一個減壓舒心的好場所！

愛玉是台灣特有亞種，果實與土芒果差不多，只是多了白色花紋，它是桑科榕屬爬藤植物，附生在大樹上，公母異株，要成功授粉的母愛玉結成的果實，採收後削皮切開曬乾，才是具有食用價值的愛玉籽。品質好的愛玉籽一百公克能搓洗三公斤的愛玉凍，品質差的只能洗出一半。愛玉籽之所以搓洗後會結凍，是因為含有大量的果膠，食用可清涼解暑，潤肺美膚。市面販售的愛玉凍真假難辨，其實有簡單的辨識方法，真愛玉會浮在水面，加熱不變，而假愛玉會沉入水中，加熱就融解，但是真正的愛玉結凍後不吃，一週後又會化成水消失不見（因為我家苦命的阿母也曾賣過愛玉冰，對於搓洗愛玉我可不陌生）。

朋友們如果有來霧台走走，歡迎到老杜家坐坐，喝杯咖啡或吃碗純天然的野生愛玉，聽他說說小鬼湖的事以及他們部落的文化，再帶幾包愛玉籽回去自己體驗洗愛玉的有趣過程！

老杜家
地址：屏東縣霧台鄉岩板巷十鄰五十四號

在霧台舉行的豐年祭慶典。

愛玉凍

2 人份

材料

愛玉籽　100 公克
飲用水　3000 毫升

工具

濾豆漿的布袋　1 個

調味料

蜂蜜或糖漿　適量
檸檬、金桔、百香果　適量
（依個人喜好）

作法

1. 將 100 公克愛玉籽放入濾豆漿的布袋中綁成小袋（不要綁成團，要鬆鬆的才好搓洗）。

2. 清洗雙手後，準備約 3000 毫升的水，將綁成小袋的愛玉籽放在水中搓洗，使其釋出果膠，至水色變橙黃濃稠，感覺布袋變澀，不再有膠質釋出為止，時間約為 7、8 分鐘。

   ★ **洗愛玉的水最好用含有礦物質的飲用水（自來水煮沸放涼即可），容器不能有油質。**

3. 洗好後，約靜置 20 分鐘即可結成愛玉凍，用蜂蜜或糖漿調味，搭配檸檬、金桔或百香果食用，風味迷人！

秋刀魚

秋刀魚台語發音四聲「散肉」，即秋刀魚的日語沿用成台語，現在的秋刀魚是少數便宜的魚類，很難想像三十幾年前，它在日本料理店也曾經身價不菲，我家方博士在做土木工程時，常去台南的日本料理店吃飯，他說那時候的散肉很貴，到底有多貴？一尾大約多少錢？他笑說不知道，因為每次結帳時都已喝得差不多，根本不會去細看帳單內容，而且當時有的是錢，也不會在意花多少。

人不風流枉少年，我家方博士國小隨父母從台南縣西港鄉後營村搬到屏東落腳賣炒花生，又從屏東搬到高雄青年路的國民市場賣菜，為了省房租，父母與他們五個兄弟（大姊和二哥留在鄉下與阿嬤同住）擠住在攤位上面的木板隔間，後來父親有位同村好友提供一間二樓半的房子給他們免費居住，生活環境才開始改善。同在市場打混的一群孩子，從天真頑皮到轉大人的青春期，溜達範圍越來越廣，從國民市場到大港埔、塩埕埔，當然也包括「市政府後壁」的妓女戶，他說十多歲時曾和幾個朋友湊錢要去「看女人的東西」，幾個毛頭小子擠搡著走進妓女戶表明來意，有位小姐同意他們的要求，拿了錢領他們走進房間，在他們的面前大方的拉高窄裙露出三角褲，幾個男孩全睜大眼睛瞪著那裡看，結果那個小姐很快拉下三角褲又穿上，對他們說：「好了，看到了，你們可以走了。」男孩們因為終於看到「女人的東西」而興奮離開，問他：「這樣有看到什麼嗎？」他笑說：「沒有，就只有看到一團黑黑的毛而已！」聽他說起這件事害我快笑破肚子。其實我讀高工開始創作小說時，對那總是點著紅色燈泡的妓女戶，光線幽暗的門口坐著幾位妖豔女子的地方也充滿好奇，曾與弟弟及幾個男同學故意騎機車從市政府後面的那條小巷呼嘯而過，聽那些女人故意大聲招呼他們「少年欸～入來坐」而大笑不已，完全不懂人世間的種種辛酸與無奈。

我家方博士的祖父曾是後營保生大帝（天醫）的門生，據說精通醫藥救人無數，某日為了趕去救治一位村民，對方的冤親債主半途阻攔，請他不要插手，但他不忍心見死不救執意前往，回家後就開始生病，沒多久就撒手人寰，他們的阿嬤抱怨丈夫「替人死」不值得，便將所有醫書燒毀。他父親方金火年輕時在後營故鄉組成的宋江陣裡是「夯（扛舉）尾支單刀」的（通常由較勇猛的人擔任，有壓陣之意），頗有「阿尼基」（江湖老大）的架勢，在六個兄弟中我家方博士跟父親長得最像，所以初識時有段時間我也戲稱他「阿尼基」。他說小時候父親跟朋友曾在故鄉開過「茶店仔」(茶室),偶爾他會晃蕩到那裡去玩,廚房阿姨知道他是金火的兒子會給他肉丸子吃,在鄉下茶室賺錢的女人會定期輪番替換,每換一批來賺錢的女人,店裡的「三七仔」(領班大哥)會放鞭炮大肆宣揚:「新查某到矣!」他說他父親聽見後總會在旁邊幹譙:「新查某舊雞掰,新人客憨大呆!」這個情節我曾寫入二〇〇七年獲得打狗文學獎長篇小說首獎的《竹雞與阿秋》裡面。

我無緣得見公公一面,因為他五十多歲即因肝硬化過世,起因算來全是因為兒子眾多又太孝順,他家在國民市場賣菜原本都由父親騎載貨機車去屏東產地批發,後來兒子一個個長大,慢慢頂替了他的工作,他只好每天在市場閒逛,到處找人喝酒聊天,喝醉了就回家睡覺,醒來沒事做又繼續喝,就這樣喝到肝硬化住院被下禁酒令也太遲。他說父親住院期間,只要是他去醫院陪伴,一定偷偷用塑膠袋裝些米酒頭帶進去給父親解癮,看鬱鬱寡歡的父親因為喝了幾口酒,臉色紅潤露出笑容,他覺得生命的長短並沒有比活得快樂重要。婆婆在世時我曾聽她提起一件公公的趣事,說在他彌留之際,連壽衣都幫他穿好了,他卻不時舉起一隻手微動著手指像有話要交代一樣,因為已經無法言語,婆婆只好努力揣測他的意思:「是欲掛手錶呢?欲掛手指(戒指)呢?」

問了幾次他都放下又舉起，最後婆婆想起一件往事，公公曾經和一個噴古吹（吹哨吶）相罵，嗆聲說他「死毋請噴古吹」，於是試著問他：「你敢是毋請噴古吹的？」他這才真正放下手吐出最後一口氣。這件事寫在我那本散文集《幸福田園》裡，我家方博士有時個性也十分頑固，我總是誮稱這是祖傳「死毋請噴古吹」的個性。

從事土木工程的那些年，是他人生最得意也最風流的時期，雖然常醉臥美人膝，卻都是銀貨兩訖的交易，偶爾帶日本料理店的一群服務生出去吃宵夜，男人們醉翁之意不在酒，女孩們也只是愛玩打發一下無聊的夜晚，人生得意須盡歡，莫使金樽空對月，我家方博士的風流史說來有一籮筐，他從初識時就未曾隱瞞過，為何我明知如此還敢賭上自己的人生？應該是明瞭台語俗話說「要嫁浪子，毋嫁憨子」的道理，浪子回頭金不換，男人最怕的是臨老才入花叢，一生辛苦累積很有可能毀於一旦。

但萬事皆有意料之外的結果，我家老母當初憑媒妁之言出嫁，最初上門提親時曾有人提醒我外公說我父親是個愛賭博的浪蕩子，但外公礙於情面無法拒絕，便引用同樣的道理說服女兒，讓他這個最能幹乖巧的女兒終身受苦，只能說萬般皆是命吧！而命運也多半是個性使然，如果我家方博士也和我父親一樣不負責任，我就不必苦守寒窯十八年了。

茄汁秋刀魚

2 人份

材料

秋刀魚　2 條
洋蔥絲　少許
蒜頭　少許
蔥花　少許

調味料

食用油　少許
糖　少許
醬油　2 匙
番茄醬　2 匙

作法

1. 秋刀魚每條切成三段，並將腸肚掏除。
2. 起油鍋，爆炒洋蔥絲與蒜頭，倒入糖、醬油、番茄醬，略炒出香氣後加入適量的水煮滾（水量最好能淹過魚身）。
3. 將切好的秋刀魚段放入鍋中，細火慢滷至收汁即可起鍋，最後撒上一把蔥花增添風味。

蟳仔糜

蟳仔公的不談，市面上有紅蟳與嬰母仔兩種，紅蟳就像成熟的女人，耐人尋味，而嬰母仔是未經世事的處女，散發純真的芳香。紅蟳適合烹麻油，聽說很養生，對於坐月子的產婦與轉骨期的孩子具有滋補作用，我已故的外公享壽九十幾歲高齡，為西螺七崁阿善師一脈相傳的老接骨師，一生體健硬朗，生前最喜食麻油烹紅蟳，所謂「七蟳八是蚛」，照節氣而言，農曆七月的紅蟳是最飽仁（卵）的時候，以老薑、麻油、酒細火慢烹，所以民間才有「一隻紅蟳勝過三領棉被」的傳說。而我家老母最喜歡吃的「蟳仔糜」要用嬰母仔與生米共同熬成粥才香，尤其是夏天的處女蟳蟹膏飽滿至極，呈雙殼狀態，以扁魚、蝦米、紅蔥頭爆香，黃色蟹膏融入濃稠的米粥裡，撒上胡椒、蔥花提味，好吃得停不了口。

母親住高雄時，我常帶她去旗津中洲輪渡站前的金聖春海產吃「蟳仔糜」，大弟接她到台北同住後，曾帶她吃了幾家人氣不錯的海產粥專賣店，每一家都不討她歡心，前不久我上台北小住幾日陪她，安排去焦桐老師推薦的某家小館吃飯，那家小館的招牌菜色是麻油紅蟳，我特地情商請他們為我家老母烹調「螃蟹粥」（北部人的說法），上桌時我就知道母親又要失望了，因為此「粥」非彼「糜」，與老闆娘討論之下才知道同樣用生米熬煮，北部人習慣吃有湯的粥，而我們南部人習慣熬成黏稠的「糜」，像「海產粥」類的湯飯，我們用台語都稱「飯湯」，那是把湯料都煮好後才加入白飯食用。

我跟著戲班跑江湖賣藝的時候，班裡供奉著一尊「老爺公」，不論去到哪裡演出，一定都會把「老爺公」安置在戲台上龍邊的一個角落，祈求在外演出平安順利。「老爺公」即戲班祖師爺田都元帥，田都元帥神尊臉上繪有一隻毛蟹，相傳襁褓時期與母親失散，靠毛蟹吐沫餵食得以活命，故戲班中人多不食毛蟹以示對「老爺公」的尊敬。戲班有句話說：「祖師爺賞飯吃。」意指在戲班裡只要生做「尪仔頭婧」（長得好看），也肯下苦功學習，祖師爺定會保佑他或她成功獲得名利，而我從小一心一意想要成為歌仔戲小生，自認「尪仔頭」也不差，不知為何總是事與願違，命運安排我陰錯陽差進入一個做錄音對嘴演出的少女歌劇團，偏偏大環境又如此惡劣，經濟起飛社會風氣沉淪，逼得傳統戲曲不得不做變相演出以留住觀眾，讓我在短短半年便戲子夢碎。

而我家方博士在台灣開始推動十大建設時期，以一部卡車載運石頭誤打誤撞進入土木工程界，學歷僅小學程度的他，為了承包工程去補習班上了一期看圖施工與估價的土木科系課程，從此一帆風順白手起家。南部的永安火力發電廠、興達港永久護岸、中洲至旗津的海埔新生地、第六十九號及一一九號碼頭等都有他參與一腳。承包興達港建設的是日本工程設計顧問公司，照設計圖必須先從外海抽沙回填築出永久護岸，沒想到海沙卻將蚵棚的爛泥推擠到尾端，形成一個深不見底的大沼澤，怪手伸入完全摸不到底，就算要鋪沉床（一種類似不織布材質，只有水分能穿透）再拋石也沒辦法派工人下去。工程進度全面停擺，日本公司派出兩批工程師來察看都搖頭回去，我家方博士終日在工地閒逛，某天傍晚，他看見一群孩子帶著腳桶（浴盆），在濕地附近摸紅蟳幼苗（用跪爬的姿勢，手腳並用去捕捉），越來越靠近沼澤區，他趕緊出聲警告：「再過去會沉下去喔！」孩子們卻不以為意的告訴他：「用站的會沉，用爬的就不會啦！」當時的紅蟳幼苗一隻好幾角，孩子們摸得好高興，看他們在沼澤區爬來爬去果然沒事，引起他的好奇便也脫得只穿一件內褲下去，學孩子摸紅蟳幼苗，摸著摸著他發現原本的爛泥上面凝聚一層沙，伸手挖看看約有十幾公分厚，所以那些孩子是用面積分散重量才能在那上面爬行。

有了這個發現，工程遭遇的難題迎刃而解，他派怪手先挖一斗沙撒在爛泥上攪拌一下，靜置一段時間待其堅固後，再派工人用爬的把沉床鋪上去，跟著開始照設計抛石，每天進度神速，日本公司又派工程師來視察，對於我家方博士有辦法解決他們所無法解決的難題，不由得對他翹起兩隻大拇指佩服不已，硬是要請他去酒店喝酒，還叫了兩個小姐給他，用簡單的中文說：「你是台灣第一，小姐要兩個。」孩子們捕捉紅蟳幼苗的意外發現，讓他日進斗金，工程施工時間就是金錢，因為有那個工程獲取的暴利做本金，讓他們兄弟很快在南部的工程界打響名號，往後只要是我家方博士負責指揮的工程，全部戰無不勝，卻在小鬼湖的採礦計畫鎩羽而歸，一切重新開始。時也，運也，命也！他後來的人生因為有我，開始有不同的風景，這也是向來「難得不糊塗」的他始料未及之事！

台灣近年來養殖大閘蟹蔚為風潮，如果要我在大閘蟹與處女蟳之間做選擇，我一定選處女蟳，因為處女蟳有膏有肉，不論鹽焗清蒸都鮮美甘甜，煮蟳仔糜更是我家老母的最愛。像不像三分樣，常去旗津中洲輪渡站前方的金聖春海產吃蟳仔糜，自己動手做味道也不差，只是不愛吃毛蟹（大閘蟹）的我，為何老爺公戲班祖師爺不肯賞我飯吃呢？

蟳仔糜

2 人份

材料

白米　2 杯
處女蟳　2 隻
蝦米　20 公克
扁魚　少許
紅蔥頭　少許
高湯　3 碗

調味料

豬油（亦可用食用油）　少許
鹽　少許
胡椒　少許
蔥花　少許
芫荽　少許

作法

1. 白米洗淨備用；處女蟳宰殺後刷洗乾淨外殼，剝開去除肺鰓與蟹口處的胃囊及中間白色的心臟血管，切成小塊，蟹螯拍破外殼。

2. 蝦米泡水片刻；扁魚洗淨切細；紅蔥頭去頭尾後切碎。

3. 炒鍋中放少許豬油，把切碎的紅蔥頭炒至泛黃，加入扁魚、蝦米一起爆香，再倒入白米，以小火拌炒至米粒呈透明狀。

4. 鍋中放入高湯與處女蟳，細火慢熬至米湯出漿黏稠後，以鹽調味，撒上胡椒、蔥花與芫荽即可。

山東饅頭配小菜

與我家方博士相識之初，整個冬季他都裹著一件阿兵哥穿的軍綠長棉襖，BVD白棉長袖內衣，舊牛仔褲與球鞋，一副落拓江湖的浪子模樣，只有銳利的眼神流露出不向命運低頭的桀驁不馴，宛如老芋仔（老兵）般偏愛山東饅頭，常利用去屏東大哥家探視母親的機會，順便去青島街附近的眷村買饅頭，那是渾圓厚實的山東饅頭，帶到山上去，就著取暖的火堆烤熱，配花生米、肉鬆、罐頭等克難小菜，特別有滿足感。東港聽說有一攤炭烤饅頭抹煉乳，生意好到要排隊，算是富足社會的懷舊美食。

小時候住嘉義東石偏僻的小農村，對於豆漿饅頭有很特別的記憶，因為偶爾有外省伯伯會騎著腳踏車來村裡賣早點，彼時很少人會外食，早餐通常是地瓜稀飯配醬菜，會買豆漿饅頭者多為嘗鮮，我們小孩哪能常有機會拿錢去買？所以記憶中那饅頭的滋味特別深刻，小時候吃的那種饅頭不是山東饅頭，而是長方形發得有些鬆軟帶甜味的白饅頭，但外省伯伯還是會從側面剖開，夾上一層白糖粉，對生活中缺乏糖果餅乾等零食的鄉下孩子而言，吃著那個散發著麵與糖香的饅頭，就是一種幸福的滋味了。

我家方博士的兵運說不幸也很幸運，入伍在新訓中心就跟連上的旗手（身材最高大的）打架，說打架其實是他出手打人，起因是那個旗手拿他的槍去做射擊練習，回來時沒有放回原處，直接丟還給他，因為措手不及被M1步槍槍托狠狠敲中脛骨，痛得他抱腳在地上打滾，對方卻連一句道歉也沒有便走開，當天中午他越想越氣，捧著一碗飯卻吞不下去，把飯倒扣在餐盤上拿去外面洗好餐具，等那個旗手吃飽出來便質問他：「你會不會太過分？連一句失禮都沒有？」那人仗著高頭大馬的身材，用睥睨的姿勢挑釁回說：「不然你想怎樣？」此話一出，我家方博士握緊拳頭就朝他肚子打去，正中他腰帶上的銅扣，那人應聲倒地哀號，我家方博士原本還衝上去舉腳要踹他，立刻被兩個同袍抱住攔下，當晚班長叫兩人去問明原委，特別問說：「你用什麼打他，怎會連銅扣都凹陷？」我家方博士回答：「只是用拳頭打他一拳而已。」班長問那旗手：「你身體有沒有怎樣？」旗手哭著回答說他肚子很痛，班長反而將他痛罵一頓，罰兩人在操場匍匐前進十圈，衣褲都磨破，幸好班長只讓他們爬兩圈多就說好了。

分發落部隊時他又抽中兩年金馬獎（派駐金門馬祖離島），在金門一個叫「溪邊」的地方擔任陸軍八十四師第四營第三連六〇砲的砲手，當時他們一個班共四人，班長是年約五十多歲的外省人（俗稱老芋仔），平日沉默寡言、獨來獨往的我家方博士，濃眉大眼加上一副倨傲的神情，從不主動與人打招呼，人緣自然不佳，一有衝突就被圍毆，絕不示弱更死不認輸的個性讓他經常鼻青臉腫，老芋仔班長看不過去索性教他武功，原來老班長來自雲南武林世家，不但拳腳功夫了得，飛鏢、刀法更是一絕，我家方博士日夜瘋狂勤練，開始打遍全連無敵手，名聲逐漸響亮，連別的單位武術好手也來挑戰切磋，其中一個外號「死囝仔蔡」者從小好武，被我家方博士打敗後天天纏著他要求傳授武藝，不惜端水為他洗腳，實在躲不過「死囝仔蔡」的糾纏只得教他兩招刀法。

數年後「死囝仔蔡」卻因工作與一位拳頭師傅起衝突，持刀犯下殺人未遂的罪責。

這位老班長對他亦師亦友亦如父子，平時總笑稱他「小鬼」，金門冬天很冷夏天很熱，但這位老班長一年四季睡覺都習慣躺得直挺挺的，用軍毯從頭到腳蒙住全身，有一次我家方博士在他睡覺時故意撿一顆小石子，躡手躡腳的走到他寢室窗邊，像射飛鏢般朝他丟去，在石子擊中他肚子之前，只見他蓋在毯子下的雙手輕輕一抬，石子便落在毯子上，從毯子下出聲罵他：「小鬼！別搗蛋！」聽聲辨位的功力好到令人驚奇，武功更是莫測高深。

而我家方博士在金門服役期間算是運氣好也算命大，他所在的單位從「溪邊」被派往「北碇島」支援，當時由第二連的副連長擔任指揮官，「北碇島」是一個走路五、六分鐘即可環島一圈的小島，島上無百姓居住，守燈塔的人會放綾網捕龍蝦賣給阿兵哥，一隻一斤多重的龍蝦才賣三十塊錢，小一點的賣二十、十五，沒人買了就又丟回海裡，常常可以龍蝦吃到飽。

島上有很多水鴨飛來休憩，我家方博士閒來沒事就愛拿槍打水鴨練槍法（只要把彈殼繳回去即可），順便給弟兄們打牙祭，準確度幾可當狙擊手，只要聽見槍聲，副連長就會罵說：「這個壞兵又在亂搞了！」有一天中午用餐時間，我家方博士與幾位弟兄坐在一起吃飯時邊說話，連上一位別班的班長（也是外省人）因為賭博輸錢情緒不好，藉題發揮走向他們那桌叫他站起來質問：「吃飯時不安靜，說什麼話？」接著就伸手甩他耳光，我家方博士反應靈敏略為閃開，只讓掌尾搧到而已，但天生個性剛硬的他怎能受此羞辱，立刻反身衝回寢室拿槍上膛，還把手榴彈掛在腰間，發瘋般到處尋找那位班長，那個人早已聞訊躲藏起來，等他氣消冷靜後，被副連長叫去杖責七、八下屁股以示懲處，並未被移送軍法審判。

部隊從「北碇島」調回「溪邊」後第三連解散，他被編入第二連，那位副連長升任連長，每次有任務或上級長官要來視察就很緊張，怕表現不好被指責，我家方博士成為他最佳左右手，不論什麼任務都能順利完成。有一次他跟著一位士官長去拜訪旅長，兩人是老鄉，見面難免小酌一番，士官長派我家方博士現做一種「烙餅」，那是一種不加發粉的麵食，麵團揉好後分成小塊用擀麵棍攤得薄薄的，平底鐵鍋抹油用炭火細火慢烙，做「烙餅」要極有耐心，火大易焦餅烙不熟，我家方博士做的「烙餅」讓旅長吃得讚賞不已，特地把他叫來坐在一起吃飯，還派座車送他回軍營，連長接到通報以為旅長來了，匆匆忙忙趕到大門敬禮迎接，待看清楚是他這個「壞兵」坐在車裡，把他臭罵一頓。

快退伍的前幾個月部隊移防回台灣，老鳥不必出操，多被派去當伙頭軍，憑著絕佳的應變頭腦，他煮的大鍋飯底下不會燒焦，因為他都是用大火把米粒煮到漲開了，先抽出大根木柴僅剩餘火，舀掉多餘的水分再蓋上鍋蓋，周圍用棉布塞住防止透氣，如此悶熟的白飯又香又無鍋巴。他做的饅頭也是一絕，因為懶得費力氣揉麵團，所以晚上和麵粉時總是多加一些水，讓麵團整個軟趴趴的，就用布蓋著發酵，隔天清晨準備做饅頭時，也只是隨便揉兩下就用刀剁成一塊一塊放入蒸籠裡面，想不到這種摸魚作出來的饅頭卻特別軟 Q 有咬勁，贏得所有人的讚賞。

台灣因為歷史與政治因素，長期以來存在著省籍觀念與衝突，但在人與人之間的相處上，良善的情感交流還是勝於歷史仇恨。我家方博士在金門服役期間遇到的兩個「老芋仔班長」，一個於他有恩，一個於他有怨，有怨的那個當下是沒被他找到，否則他應該會因開槍殺人被判軍法吧？有恩的那位他退伍後還曾去所住眷村拜訪過兩次，後來他在土木工程界有所發展時，本想請那位「老芋仔班長」來看守工地，可惜已經不知所終，兩人在軍中相逢結下的緣分，令他至今念念不忘。

山東饅頭佐小菜

2 人份

材料

山東饅頭　2 個
各式小菜（依喜好挑選）　不限
滷肉　少許
酸菜　少許

調味料

花生糖粉　少許

作法

1. 準備 2 個山東饅頭並加熱。
2. 準備數樣喜歡的小菜，像是滷腱子肉、豬頭皮、豆干或海帶等。
3. 將熱好的饅頭搭配小菜享用即可。

美味 TIP

將饅頭切開，夾滷肉、酸菜，再撒上花生糖粉，即可當刈包享用。

臭肚仔和變身苦

我們在「市外桃源農場」居住的時候，狗是我們最忠心的守衛，從大社帶來的流浪雜種博美，女兒叫牠「酸梅」，雖然小小身軀，遇見蛇類仍然凶悍無比，有一次咬住一條想要鑽入洗衣機下方的眼鏡蛇尾巴，把蛇拖出來對著牠吠叫，眼鏡蛇立起上身怒張頭部要攻擊，牠便靈敏躲開，蛇又要鑽入洗衣機下方，牠再度咬住尾巴拖出來，當時牠已經有些年邁，一陣又叫又跳連拖帶拉，早已氣喘噓噓仍奮戰不懈，直到我家方博士拿來蛇夾把蛇夾到遠處放走。酸梅老死後又從朋友處領養了一隻台灣虎斑母土狗，尖耳三角臉、羌仔蹄、鐮刀尾，我們在樹下喝茶時牠會趴臥在一旁靜如處子，只要我家方博士一起身，牠立即一躍而起跟隨在腳邊，亦步亦趨的走在前頭觀看他是否要入園工作，確認他的動向後，牠會歡欣雀躍的率先奔入雜草叢生的果園中，到處嗅聞察探是否有蛇類，也會一直待在他的周圍擔任護衛，隨時警戒動如脫兔，所以孩子們才為牠取名小兔。

小兔發情時我們特地帶牠去旗山友人馮博文、邵菊英夫婦經營的集來農場配種，他們飼養的純種黑土狗體格優美，聽聞我家小兔每年至少咬死二、三十條蛇，所生的小狗爭相被領養。

小兔年邁後行動變得有些遲緩，不再寸步不離的跟隨我家方博士，有一晚他要走去外面關閉農場大門時（實際只是一道防君子不防小人的網狀圍籬），突然感覺像被螃蟹的大螯箝住般一陣劇痛，他本能的抬腳一甩，只見一條超過拇指粗的蛇迅速鑽入旁邊的樹葉堆裡，被咬的腳踝內側那股劇痛彷彿沿著指頭粗的血管往上竄，他蹲下來一手用力按住傷處上方，阻止劇痛蔓延，一面撿起一根枯枝，在昏暗的光度下留意那條鑽入枯葉堆裡的蛇的動靜，然後邊高聲呼叫我拿手電筒和蛇夾來，我慌慌張張地拿起他要的東西奔到他身旁，他才告訴我自己被蛇咬了，我拿手電筒照射他用手握住的腳踝，只見兩道鮮血從腳跟內側的兩個小洞流出，他說看見蛇鑽入樹葉堆裡，得要找出那條蛇才知道有沒有毒。他要我用蛇夾小心的撥開樹葉，看是不是還躲在裡面？我的心臟因恐懼而狂跳，但仍勇敢的在樹葉堆裡翻找，那蛇早已不知所終，我對他說：「我開車過來載你去醫院，你要去小港醫院還是長庚？」他不肯：「又不知道是哪一種蛇咬，去醫院有什麼用？」我警告他：「去醫院至少比較保險，孩子都還小，這個時候你要是有個萬一，我沒有第二條路可以走，一定盡快找個有錢人嫁了！」

我們在當晚九點多抵達醫院，聽說被蛇咬，所有的醫護人員都很驚訝，負責的中年男醫生我聽見護士稱他主任，他說自己當醫生這麼久，接到蛇咬案例只有兩起，一例是在恆春被鎖鏈蛇咬傷，已經打完血清送到小港醫院住院治療，另一例就是我家方博士了。他說不明蛇咬只能先觀察，護士為我家方博士掛上點滴，傷口消毒包紮後，只偶爾來量一下血壓，詢問有無眼皮睜不開呼吸困難的症狀？我猶豫著要不要打電話給我們的醫生學生求助，但因為我家方博士說腳已經沒那麼痛了，只感覺身體一直脹氣，只要運功排氣就好，所以我就沒有驚動學生。眼見那隻腳腫得越來越嚴重，已經腫到膝蓋上，等醫生再度來巡視時，我抓住機會趕緊詢問：「難道沒有什麼辦法可以檢查辨認是什麼蛇咬嗎？」他說沒有只能觀察，血清是不能亂打的，我再提出疑問：「沒有毒的蛇咬傷也會腫成這樣嗎？」他肯定回答我說：「只要有傷口就會腫。」我只好相信專業繼續等待，一直到半夜十二點，我家方博士不放心兩個孩子在家催促我回去，我才回家洗澡睡覺，清晨五點多醫院打來說已經確認是眼鏡蛇咬，準備先測試會不會過敏再施打血清，我起床料理好所有家事，把孩子送去學校，到醫院七點多才剛打完血清，從昨晚進入急診室到施打血清整整拖了十小時，換成別人不知還能不能活命？我問他醫生怎麼知道是眼鏡蛇咬的？他說早上五點多醫生才打電話到台北榮總毒物科詢問，得到答覆說：「腫得很厲害，傷口周圍輕壓會產生劇痛，就是眼鏡蛇咬。」如此簡單的辨別方法卻拖這麼久才確認，我實在不知道該說什麼？

從急診室轉往外科病房住院，換外科主治醫師來巡視，他看到我家方博士那條腫脹得像大象腿的腳，嚴肅的說：「如果沒有盡快消腫，得先把腿剖開讓組織液排出減壓，一旦壞死就必須截肢。」醫生離開後，我家方博士哼聲說：「我哪有可能同意讓他剖腳？」他吩咐我馬上回家拿他的三稜針，開始自己開通受阻礙的氣脈，護士每隔數小時就來為他施打高劑量的抗排斥藥與消炎藥，只要打完那些藥他就一直昏睡，躺在病床上把腿抬高感覺還好，每次要去上廁所（他不肯用尿壺），腳一放低就痛得像要爆開一樣，都得自己扎上幾針才能撐拐杖行走，第二天主治醫師再來巡房時總算滿意恢復的速度，沒再提要剖開腿減壓的事，第三天就指示我們可以辦理出院，離院時領了一大包藥，護士交代一星期後要回診，他當然沒再回醫院，藥一包也沒吃，不到一個月就行動自如。後來學生李金祥介紹他的阿姨來求助，她被躲在洗衣機下面的眼鏡蛇咬到腳盤，那條蛇當場有被抓到，所以送到醫院不到兩小時就打完血清，結果是整個腳盤肌肉壞死必須做清創手術，然後挖屁股肉來補，癒後腳盤就像麵龜一樣，醫生說如果很介意就再去做整型美容吧！相較我家方博士被拖了近十小時才打血清，一條腿還能完好如初，真是不幸中的大幸！而他從此也坐實了「萬毒王」的封號。

說起「萬毒王」這個外號是在他落魄時弟弟們幫他取的，主要是在嘲笑他有夠毒，「倨山山倒，倨牛椆死牛母」，曾有算命的朋友跟他說：「老大欸，你就算沒工作也不會餓死，但是被你待過的公司，只要你一走絕對倒閉，所以你就不要去害人家了。」回想起來真是如此沒錯，但被眼鏡蛇咬傷又拖延十小時竟能平安無事，仔細分析其中原由，除了自己的醫術了得外，還得歸功於往昔經歷過種種毒物的試煉，最早是他十幾歲時愛去前鎮河上的大杉木釣變身苦，常常被具有神經毒的變身苦鰭刺所傷痛到快「閃尿」，慢慢練就不怕被刺的功力，後來又曾被更厲害的成仔魚刺到，半邊身體不聽使喚，也是一段時間後就恢復正常，還曾在我們「市外桃源農場」整理芒果樹時，同時被好幾隻虎頭蜂螫傷頭部，當時他以為自己可能會沒命，結果抽完一根菸也沒感覺怎樣，一氣之下又爬進果園把那蜂窩所在的樹枝鋸下來，因為有這些無形中練就的「萬毒神功」，身體對「生物毒素」的耐受力異於常人，所以對於眼鏡蛇毒才能有基本的抗體保護吧？

台灣民間對魚類有些流傳很久的俗語，例如好吃排行為「一鯃二紅鯊三鯧四馬加」，或「一鯃二鯧三鮸四嘉鱲」，對於鮸魚更有「有錢食鮸，無錢免食」的詼諧俚語，而這些鰭刺有毒的魚類則有五大排名：「一魟二虎（石狗公）三沙毛（成仔丁）四臭肚五變身苦」。我家方博士除了沒被魟魚尾刺傷過外，其餘大概都經歷過。魟魚如果不新鮮會有阿摩尼亞的味道，成仔魚外形似鰻鯰，海口人常會煮麻油為產婦進補，但腥味重，臭肚仔學名象魚，喜食藻類，捕獲後若不及時處理，腸中未消化的藻類會很快發酵，臭肚仔之名即由此而來，澎湖是臭肚魚產量最多的地方，把臭肚魚曬乾販售已成特產，其中又以吉貝島的魚乾品質最佳，因為當地漁民多選在秋冬臭肚魚最肥美的季節才會製作，這種魚乾聞著實在不負「海中臭豆腐」的美名，但經過油爆或火烤，很多人一吃上癮，拿來滷肉更是一道討海人的傳統料理。

我的表哥為了照顧年邁的母親從台北返鄉，回到東石繼承家業養殖文蛤，今年大家一起陪伴母親們回娘家聚會，閒談時提到「變身苦」這種市面不常見的魚，他說自己的文蛤池有放養，因為魚苗昂貴成長緩慢，不符合經濟效益，所以只當成工作魚，目的在讓牠吃文蛤池裡的藻類穩定水質，我問他如果有人要買，是否可以宅配？他笑說沒有人力可以處理，但如果大家有去東石玩，想順道去找他買魚，他倒是願意現撈供應。為了寫我家方博士練成「萬毒王」神功的事蹟，過年前我在前鎮魚行遍尋不著「變身苦」的身影，卻在鳳農市場的一個魚攤上見牠活蹦亂跳，歡喜之情溢於言表，老闆警告我說牠的鰭刺有毒，這我當然知道，我小心的把牠帶回家拍照，然後先用刀把所有鰭刺都剁掉，才著手刮鱗、剖腹掏腸、挖魚鰓，清洗乾淨切成小塊，搭配西瓜綿煮湯，酸甘鮮美，滋味十分獨特。西瓜綿是農家利用疏果摘除的小西瓜發酵醃製，類似酸白菜的作法，去腥解膩，在外面的海產餐廳吃過很多種魚煮西瓜綿湯，其中以「變身苦」獨占鰲頭，牠的學名為黑星銀拱，俗名也叫金錢魚，真正的海口人吃這種魚會連同有毒的鰭刺一起料理，鰭刺的毒蛋白遇熱即分解，在口中會有微帶甘苦的特殊滋味，所以才有「變身苦」的名稱吧！

想我家方博士一生的際遇大起大落，波濤洶湧，即便看淡榮辱，亦曾感嘆「龍困淺灘遭蝦戲，虎落平陽被犬欺」，他這個「萬毒王」不僅受過種種毒物試煉，還曾經歷一段無形界的精神考驗（說白了就是精神失常），若用「變身苦」來形容他的命運倒也貼切，人生如果不把苦當苦，自然能逐漸回甘。

變身苦西瓜綿湯

2 人份

材料

變身苦	1尾	薑片	少許
西瓜綿	1個	蔥段	少許

調味料

鹽　適量

作法

1. 變身苦洗淨，切成塊狀；西瓜綿洗淨，切成片狀。
2. 湯鍋中加水一半，再放入西瓜綿至煮出味道（以酸鹹適中不必加鹽為準）。
3. 魚塊與薑片放入鍋中後煮熟，起鍋前放些蔥段與少許鹽調味即完成。

霸王花與紅龍果

人的命運回想起來很奇妙，我家方博士與我相識時正是人生最落魄但也最輕鬆的時候，我倆相差十五歲，誠如他常笑說自己在酒店抱小姐時我還是個黃毛丫頭，如果不是他事業失敗，兩個人根本天南地北無緣一見。他出生於西港後營的貧窮農村，據說祖父孔武有力，一塊石鎖（四方形斗石，以前考武狀元必備練武之物）單手能舉，習漢文懂醫術草藥與靈通，救人無數卻未能終老即猝逝，傳說是因為堅持要救治業障纏身之鄉人才會替人死，目前那塊石鎖就放在我們開通堂門口，我家方博士眾兄弟無一人有此功力能舉起它，即使用雙手使盡吃奶力氣，也只能勉強抬離地面走個幾步而已。

他小時候在屏東讀書都是把書包藏起來跑去尪仔冊（漫畫書）店看尪仔冊，小學三年級偷偷和同學坐火車到高雄玩，父親到高雄找他順便訪友，後來就從屏東搬到高雄國民市場做生意。他二十多歲從一輛卡車載運石頭進入工程界，逢十大建設白手起家，白天在工地施工晚上交際應酬夜夜笙歌，一年三百六十五天只休息除夕過年那一天。十年後因投資小鬼湖採礦失利散盡家財，勉強以帶登山團體爬小鬼湖維生，反而天天遊山玩水，我們就是在那期間認識於游泳池畔，他的「狗公腰」與我的「比基尼」都是眾人注目的焦點。

他們兄弟都遺傳祖父的靈異體質，老二去給人「開天眼」後出現靈動狀況不時「胡言亂語」，有一次我家方博士去看他，他突然自稱是斗六南聖宮的關聖帝君，並預言我家方博士以後會成為名醫，還會幫忙祂蓋廟，這個預言對一個無學歷，醫術只在治痠痛階段的人身上無異天方夜譚。但歷經多年的人生轉折，這個預言卻成真，我家怪醫方博士憑他所研究的「手痛醫腳，腳痛醫手」的《痠痛經穴療法》名揚天下，雖是赤腳大夫，學生中不乏中西醫師。老五一度也有靈動現象，一段時間後自然恢復正常，在我因長篇小說《失聲畫眉》獲得自立報系百萬小說獎後，他一度也受外靈干擾每天東奔西跑處理「公事」，當時我已懷有三個月身孕家人全然不知，面對突然精神失常的伴侶，身邊毫無助力，內心充滿惶恐不安，將他帶去凱旋醫院看精神科，只得到一個「非典型精神病」的診斷，吃了藥也毫無作用，真的感到前途一片黑暗，幸好他後來又慢慢恢復正常。而老六在未成為濟公師父的乩身前，就像一部公共汽車一樣，走到哪裡「發」（起乩）到哪裡，在大家樂盛行的時期還曾一票人半夜去墓仔埔的百姓公廟「檳明牌」（扶手轎寫字），卻惹來陰間糾紛大車拼（故事太長細節略過），那次我因好奇隨行觀看，大家發現苗頭不對匆匆收起手轎去其中一位風水仙家避禍，雖然那裡門窗都有符咒護衛仍一片風聲鶴唳，最後是由方家的守護神白虎星君來解圍，那些好兄弟才退去。

我家方博士和我初識時才剛開始研究經穴療法沒幾年，他右手臂因為當兵丟手榴彈拉傷久治不癒形成痠痛，又因為傳統中醫在患部施針加導熱（或稱燔針）致使氣脈阻塞逐漸肌肉萎縮，在屏東霧台開山闢路去小鬼湖採礦時期，與原住民朋友去山澗捕獲一尾十斤重的野生鱸鰻，食用後因竄氣作用致使阻塞的經脈氣不通逆行，嚴重的痠痛讓他痛不欲生，藥石罔效下只好在身上亂試穴道按摩，沒想到慢慢治好自己的手臂，開始引起他對「氣脈」的研究興趣，事業失敗後終日勤於練氣研讀古籍，摸索經脈與穴道的氣血循環原理，樂於利用自己的研究為人解除痛苦，也曾在國民市場旁的忠孝夜市開過國術館，雖然生意不惡，無奈失業的兄弟太多，每天都聚集在店裡瞎混，光是茶葉、檳榔、菸與吃飯就入不敷出，連我上班工作的錢都要拿出來補貼，最後當然難逃倒店的命運。

除了斗六南聖宮的關聖帝君曾預言他以後會成為名醫外，也曾有一位精通紫微斗數的朋友排過他的命盤，說他有天醫的命，如果走入醫界定能揚名天下。每個通靈者一見到我家方博士都說他是背負「天命」來的，真要問個所以然卻又說天機不可洩漏，而他的個性正如他最喜歡的那句話「難得不糊塗」一樣，一輩子都是被命運驅趕著，明明可以憑做土木工程的經驗謀一個穩定安逸的生活，偏偏硬是要務農創業種石蓮花，種石蓮花後為了還清負債又種紅龍果，用他做工程的精神設計一甲地的自動化灌溉系統，結果反而迅速加深負債，他的身邊都是一些窮兄弟，根本借不到半分錢，務農後的種種開銷與支出都是由我張羅，到最後負債額結算約七至八百萬，沉重負擔壓在肩頭的那段日子回想起來真不知是如何度過的，對他也是不無埋怨，只是看他每天都被紅龍果刺得千創百孔，都要我拿針為他挑出肉中刺，心裡也感到難過不捨。

人在困境中總要不斷尋求出路，紅龍果既然種了，就要想辦法推廣，所以我努力寫文章在《農友》雜誌上刊登，介紹紅龍果的栽種方法與食用價值，當時台灣只有白肉火龍果，沒有紅肉紅龍果，兩者的差別在於花青素的多寡，許多人晚餐吃到紅肉紅龍果半夜起來上廁所可能會嚇一大跳，由此可知它的抗氧化功效有多高，紅肉紅龍果原產地在中南美洲，夜間開花，因為花型碩大，香氣濃郁，別名霸王花，除了果實外，花朵因富含多醣體，用來燉冰糖蓮子可稱植物燕窩，冰涼食用散發淡淡花香，是盛夏養顏美容的最佳聖品。為了打開銷路，我訂製販售紅龍果花的塑膠包裝袋，上面印有食用方法的說明介紹，還親自上《美鳳有約》節目示範紅龍果花熱炒，另外花了三萬多元印製一批免洗碗，準備熬煮冰糖蓮子紅龍果花做熟食生意，結果還沒開始就結束了，因為我們的《痠痛經穴療法》出版後爆紅，忙得根本沒時間務農，一切都是天意！

如今回想起那段滿身負債，不知何時才能脫離貧窮的日子，我猶如兀自在黑暗中綻放的潔白霸王花，不肯向命運低頭，相信天無絕人之路，黑暗過後必見黎明到來！只是當時不曉得一切的苦難都是冥冥中的安排，若非如此，我家方博士又怎肯乖乖走上行醫之路？因為最終也只剩這條路可走了，那便是天命使然！

紅龍果花入夜後便開始盛開，夜間蛾類與清晨蜜蜂就能充分授粉，上午九點切下花朵煮食，只要留下中間那根長長的花蕊與後段花房的部分，就不影響結果，一舉兩得！

紅龍果凍

2 人份

材料

紅龍果　1 個

果凍粉（寒天粉）　21 公克

調味料

檸檬汁　適量

糖　20 公克

作法

1. 紅龍果放入果汁機打成泥。
2. 將果凍粉及糖倒入碗中攪拌均勻。
3. 鍋中放入步驟1及2的食材，再加入檸檬汁，慢慢加熱至滾沸，直到材料完全溶解。
4. 將煮好的材料倒入模具或耐高溫的容器中，放涼後置入冰箱即完成。

★ **鮮豔的紅色是花青素的極致呈現。**

長年菜

兒子還沒出生以前，我與我家方博士過著只有今天沒有明天的同居生活，當時他一面研究醫術，一面在一位朋友的建築工地做工，別人每天領一千八百元的師傅工資，做一樣的工作，他卻領一千三百元的粗工錢。這位朋友在標自來水管路工程，有一次一位號稱「澎湖皇帝」的自來水廠主管從澎湖回台灣就醫，腹脹如鼓無法排便與進食，朋友便來拜託他一起去醫院幫忙，我家方博士按了幾個穴位後，患者隨即去跑廁所，排出一馬桶糞便就嚷著要出院了，論人情他幫了朋友一個大忙，讓這位朋友在承包工程上順利無阻，賺到的錢何止千萬，但他的薪水依然沒升，連借十萬元都在多年後討要回去。後來那位朋友又介紹一位生下腦麻兒的工程設計師來求助，他花了一年多的時間讓孩子可以正常走路，斜視的雙眼能一邊正常，一邊只偏一點點，但因為替人背負太重的因果，他自己身體也承受不住而受傷，每天都全身乏力。我為他應徵了一份監工的工作，一方面藉工作去台東療養身體，一方面回到自己的本業找機會，哪裡跌倒就從哪裡爬起來，總不能老是做粗工。

我家方博士重返土木工程界開始為人管理工地的第一份工作，就是從高雄遠赴台東大武一處工地擔任監工，公司是中華工程的小包商，承包南迴鐵路的一部分工程施工，他去接手的時候工程進度與土地狀況一片混亂，前一位監工因為一根橋墩的梁柱位置不對，做好的反循環基樁得打掉重做，讓公司損失一百多萬。

做工地監工談好的待遇是試用期三個月，薪資三萬元，試用期後再視工作能力調薪，不到一個月公司就把他調到大溪段的工地，要他擔任工地主任，結果領到的薪水還是三萬，只能說老闆太小器注定賺不了大錢，因為一個工程能否賺錢全看負責工程施工的人，遇到一個好人才竟不懂得好好把握，如此小鼻子小眼睛怎能成大器？我家方博士待滿三個月接通南迴鐵路後就離職，後來聽說公司因虧損最後也倒閉。

他帶著家裡養的一隻羅威納犬孤身初到大武工地的當晚，全工寮只剩一位姓沈的老司仔（對有年紀的師傅尊稱）獨自在喝酒，開口邀他一起喝一杯，但我家方博士彼時已戒酒，所以擺好自己帶去的茶組一起喝茶聊天。原來老司仔主要在承包打地錨的工作，算小包商，兩人在寂靜闃黑的山邊工寮相互為伴，工寮裡有好幾間房間，到處可見貼著符咒，老司仔指著其中一間說：「我住這間，其餘隨便你選。」我家方博士問說：「怎麼沒有工人住這裡？」他笑笑回答說：「大家都說有鬼不敢住。」我家方博士毫不在意的選了其中一間，外面山風怒吼，不知為何那隻羅威納卻整夜吹狗螺（呼嚎），隔天早晨老司仔問他：「昨晚有很多人來敲你的門，你都沒聽見？」我家方博士回答：「沒有。」他向來是主張心中無邪不怕鬼的人。

一直到三天後，老司仔才有意無意的說：「有人身上中了好幾箭，最後連怎麼死的可能還不知道。」我家方博士知道是在說他，淡然的笑說：「該死就死啊！有什麼大不了的？」老司仔深深看了他一眼，搖頭嘆氣說：「去買五色布、五色紙、一把稻草，和一些金銀紙來，我幫你解。」放假回高雄時老司仔搭他便車到鳳山找弟弟，天上一大片烏雲詭異的跟著他們一直到風港，我家方博士感覺奇怪的指給老司仔看，只見老司仔開始眼淚鼻涕直流還猛打哈欠，一直搖手示意他別說了！

他準備好老司仔所說的五色紙、五色布、稻草和金銀紙等東西回到工寮，老司仔用那些布和紙剪了一些蓮花、八卦、紙人，還紮了一個稻草人，在那天傍晚前到工地路口作法，催符念咒加比手劃腳後，先吩咐他說：「我說走的時候你就往工寮走，不可回頭。」然後老司仔把所有東西捧在手裡，叫他對著呵一口氣後背轉過去，老司仔拿著那些東西在他的後背打三下喊聲「走」！我家方博士說他開始往工寮走的時候，也同時開始不斷嘔氣，吐出那些停留在他身體裡為人背負的業障濁氣，感覺就像肩上的千斤重擔瞬間解除，心胸無比順暢。

人生相逢自是有緣，雖然我家方博士在台東工地只待了三個月，但我們與老司仔的情誼維持了二十年，前幾年他因大腸癌末期治療後元氣大傷，我們邀他到「市外桃源農場」靜養，過年期間我照母親傳給我的習俗用小菠菜做長年菜給他吃。從小母親就教我們吃長年菜要有頭有尾，所以小菠菜都是連根洗淨燙熟，除夕夜紅格桌上要擺一碗白飯插「飯春」（一根寫著春字的紙花），象徵一年的豐衣足食，母親還會在盛得圓圓滿滿的白飯上面擺放一小顆發糕，然後燙兩棵長年菠菜頭尾相連圈圍起來，慎重的擺放在案頭上直到初五隔開才拿下來。這碗「飯春」還能預測來年的雨水量多寡，如果碗底白飯呈濕濡糊狀，新的一年一定雨水過多；如果碗底白飯呈乾燥顆粒狀，新的一年一定雨水少，此法聽說很應驗。

依照娘家的習慣，大年初一的早餐總是煮地瓜稀飯，然後要求所有家人都得吃幾棵汆燙的小菠菜養生長壽一下。有一年豆油哥（我的百萬小說《失聲畫眉》裡的靈魂人物）在我家過年，初一早晨看見那鍋番薯粥臉都綠了，她說哪有人新年頭就吃稀飯的道理？原來她們台中人的習俗與我們不同，大概在過去艱困的時代裡，能吃上一碗白飯才代表富足吧！而老司仔指正說，所謂長年菜是古早以前過年煮給長工吃的，在民生艱困的時代，只在過年能大魚大肉，那些貧無立錐之地的人，只能在地主家做長工謀求溫飽，除夕過年那餐雖然可以吃得比平日好些，但也只是一些主人吃剩的頭尾，例如這道長年菜，即是用冬季特產的大刈菜（芥菜）加上一些切白片（白斬）雞留下的雞脖子、雞腳與雞骨熬煮而成，現今土雞城常有的古早菜「刈菜雞湯」，就是以前煮給長工吃的長年菜豪華版。

大刈菜又名包心芥菜，農業社會時代常在晚稻收割後播種，長成後洗淨晾曬在竹竿上再醃製成鹹菜（酸菜），小時候記得在外婆家看過醃鹹菜的水泥池，那是外婆的副業。酸菜日曬讓水分乾燥後再搓鹽放入甕中存放三個月，就是客家料理常用的福（覆）菜，酸菜的部分菜葉日曬至完全乾燥後綁成一小綑販售，即為大家熟知的梅乾菜，梅乾扣肉是名菜，我們全家人較喜愛福菜滷肉，與花菜乾滷肉不相上下。

下頁中照片裡的芥菜是市場上長年可見的小芥菜，所以「六月芥菜假有心」，菜梗質地較細緻，中秋可見的芥菜心是提前採收的大芥菜削去菜葉所得，想要買到整棵大芥菜還是得等到過年時，有些家庭還保留煮長年菜的傳統。我家平日裡都備有福菜可滷肉，但在冬天大芥菜上市的季節，不妨買隻肉質優良的土雞，先煮成白斬雞，再利用煮雞的雞湯與雞爪、脖子等部位做一道長年菜湯，體驗一下艱困歲月的甘苦，或直接做成芥菜雞湯，也可以更健康養生些，來道芥菜地瓜湯，都是好吃又好做的料理，芥菜微苦回甘，正是人生的滋味啊！

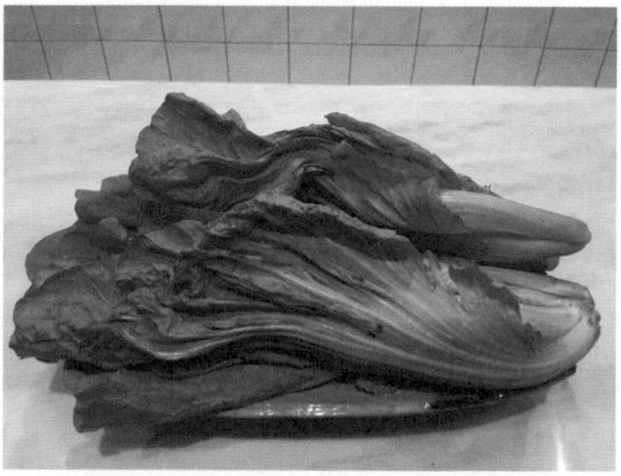

市售常見的小芥菜。

刈菜雞湯

2 人份

材料

雞肉　500 公克
刈菜　1 把
蛤蜊　100 公克
薑絲　少許

調味料

鹽　少許
白胡椒粉　少許

作法

1. 雞肉用滾水汆燙，去血水及雜質後備用。
2. 在鍋中放適量水煮滾，將雞肉倒入後再煮沸，最後轉小火煮 10 分鐘。
3. 刈菜洗淨切小段，菜梗先加入湯鍋中續煮 5 分鐘，再加入菜葉、蛤蜊與薑絲略煮。
4. 起鍋前撒少許白胡椒粉，以鹽調味即可。

延伸料理

福菜滷肉

1. 福菜泡水去鹽分（多洗幾次才能去沙），洗淨切小塊備用。
2. 五花肉用乾炒鍋煸出油脂至表面赤黃，加入幾瓣拍碎的蒜頭與大紅辣椒爆香，再加適量赤砂糖與醬油炒上色。
3. 最後鍋中放入福菜略炒，並加水至淹過肉塊煮滾後轉小火，滷至收汁即完成。

樹薯

在我家方博士尚未到台東大溪段做南迴鐵路工程前，我們常會帶登山團到比魯溫泉溯溪，行程安排都會先在太麻里山豬郎家通鋪過一夜，一早吃完簡單早餐後，便在太麻里市場採買食材再出發，從金峰鄉入山車行溪床便道，直到貨車無法行走才下來走路，沿溪床溯溪走過一座座山壑，遇水流湍急的路段總是大家手臂勾手臂，由我家方博士領導驚險潦過深及大腿的溪流，一路上都有體力不濟的歐巴桑大姊不斷問他：「還要多久才會到？」並抱怨說下次絕不再來，他連哄帶騙的回答說：「快到了！前面那個彎轉過去就到了！」就這樣一個彎轉過一個彎，背著沉重的背包（食物要大家分配負擔）走了兩三小時的溪谷石頭路，才終於抵達比魯溫泉的工寮。

當時有一位姓張的老先生自己一個人住在那裡（還聽說他跟殺人魔徐東志認識，所以我家方博士對他總是提防三分），靠著向登山客酌收一點管理費維生，比魯溫泉因為地處深山荒野，非一般遊客能及，反而保有野溪溫泉的天然景致，位於溪床用天然石頭圍起來的溫泉池，冷熱皆可自行調整，當大家走得「會呼雞袂噴火」（台語形容人疲累至極）的時候，放下背包換上泳衣，坐進溫泉池裡，被青山環抱，仰頭是藍天白雲，耳聞流水淙淙，鳥聲啁啾，所有的疲憊全煙消雲散，世間的煩擾都暫時拋諸腦後，往往那些一路抱怨絕不再來的歐巴桑大姊，下次揪團時都搶著報名。

溫泉水洗去一身的疲憊後，大家開始烹煮辛苦背進來的食材，用木材灶火煮飯真的需要功夫，第一餐菜色比較豐富，通常會有香菇雞湯、滷肉、炒美國芹菜、甜豆等，其他幾餐再搭配一些罐頭與麵條，在野外吃什麼都特別好吃。有一次張先生挖了幾條種在工寮旁邊的樹薯，煮成甜湯當點心，泡完熱呼呼的溫泉，坐在群山環繞的工寮裡，於冷冽的空氣中吃著香甜鬆 Q 的樹薯，讓人身心都暖和舒暢起來，那真是此生回味不已的美食。樹薯是根莖類作物，以前煮菜勾芡用的「番薯粉」，現在正名為「樹薯粉」或「木薯粉」，而「太白粉」則為「馬鈴薯澱粉」。樹薯原產地在巴西，日治時期便引進台灣，為了能源需求（可以發酵製造酒精）鼓勵人民大量種植，還能用它做麥芽糖、味精、粉圓、飼料等，用途極廣，因為它生命力超強，耐旱耐瘠，適合種植於山坡地，不太需要過多人力照顧。以前聽老人家說過有的樹薯有毒不能吃，還說分為「紅骨」（可食）與「白骨」（不可食），查網路資料原來它有品種的分別，從樹薯外觀即可分辨，褐色表皮毒性重味澀，在加工時需要特殊處理，另外一種表皮透著淡青色，味甜可直接煮食，現在市場常見的「黃金木薯」又是另一品種，但不論品種為何還是不宜生食，因為它屬於大戟科，根莖含有氰酸劇毒喔！

說到樹薯根莖含有氰酸劇毒，就想起我家方博士以前在山上發生的一件糗事，因為投資開採小鬼湖大理石礦，他在霧台交了許多原住民朋友，偶爾會和他們去山裡打獵、捕魚。霧台原住民捕魚的方式會用魚藤毒魚，放緄釣鱸鰻（沒有釣竿，牛根線直接綁釣鉤釣餌，前一天放置，隔天再收線），也會電魚。我家方博士在開山闢路期間就像恐怖分子一樣，擅長使用炸藥，當時一些原住民朋友常來跟他討炸藥要去炸魚，他怕出事情不敢給卻又不勝其擾，有一次他們說有個地方水很深，鱸鰻很大條抓不到，他只好親自出馬（這是環保錯誤示範）去幫他們炸鱸鰻，因為炸藥用太多（對一個專門炸山的人而言已經是最少的用量），連旁邊的山都炸垮下來，第二次三個原住民朋友說有一種魚很好吃找他一起去抓魚，這次他坐在水邊一顆大石上，只用一個雷管及半條火藥丟入水裡，三個原住民朋友躲得老遠以為會有大爆炸，結果只在潭面如同放鞭炮般濺起一陣水花，魚因為氣囊被震破全沉在水底，三個原住民朋友潛水下去把魚抓上來，他們把所有的魚依大小條分成兩堆，大條的那堆要給我家方博士，他們三人分那堆小條的，我家方博士正色說：「這樣不可以。」他們全愣住了，以為他嫌不夠，結果他只拿兩條大的要煮湯，又拿兩條小的說要放緄，他們歡天喜地的幫他綁好緄，拿去放在有鱸鰻的地方，隔天就釣上那尾近十斤重的大鱸鰻，食用後鱸鰻的竄氣作用造成手臂舊傷復發，每天痛不欲生，把他折磨得半死，卻也引導他發現人體經脈穴道的奧妙作用，進而研究出一套突破傳統的絕世神功！

他從平地剛到霧台山上做工程時，爬個山坡就氣喘如牛差點沒斷氣，連帶去的一條冠軍狼犬都累得四腳朝天呼呼吐著舌頭，讓那些原住民朋友指著牠哈哈大笑：「看你們的平地狗！」後來漸漸能與他們在山林間穿梭如履平地，事業失敗後還一度以帶團到小鬼湖登山餬口，說起野外求生頭頭是道，但也只限於在山林裡要如何保護自己不讓身體失溫，如何找尋能庇護身體安全的過夜處所，對於山上什麼植物能不能吃他都一無所知。

曾經在工程施工挖基礎時挖到一些根莖，原住民工人告訴他說：「這個甜甜的很好吃。」他一吃果然甘甜止渴，原來那就是「葛根」。後來又有一次他正口渴時，看見工地旁邊也有一些看起來與葛根很像的褐色樹莖，他拿起一根剝開外皮咬了一口卻是澀得難以下嚥趕緊吐出，連連呸著口水，有一個原住民工人過來跟他說：「那個不能吃，是毒魚的。」魚藤又稱毒藤，台語稱為「蕗藤」，是豆科植物，早期原住民會把魚藤帶到溪邊用石頭捶打出汁液，再丟入水中毒魚。誤把「蕗藤」當「葛根」咬，我家方博士在部落裡還真是鬧了個大笑話。

就像樹薯有毒卻能成為經濟作物一樣，只要了解其特性，善加利用，魚藤亦能成為驅蟲、散瘀解痛的良藥，如《神農本草經》序言：「天下無無用之物，而患無用物之人。」在飲食這件事上更是如此，以前活在艱困時代的家庭主婦，無不善於應用每一種食材，白蘿蔔從皮到嫩葉都不浪費，芋頭能吃芋蘅亦是一道菜餚，雖身處富足時代，讓惜福愛物成為一種習慣，才是教育下一代的最佳典範。

黃金木薯甜湯

2 人份

材料

木薯　半條

水　600 毫升

調味料

紅砂糖　適量

作法

1. 木薯剝掉外層厚皮，洗淨切小塊。
2. 燒開一鍋水，放入木薯塊煮滾，再轉小火煮約 40 分鐘，加適量紅砂糖調味即完成。

延伸料理

養生黃金薯湯

1. 排骨汆燙去血水雜質後洗淨備用。
2. 燒開一鍋水後先放入排骨、木薯塊，再放入 1 片當歸、10 片黃耆、10 粒紅棗，轉大火煮滾後，再轉小火煮 40 分鐘。
3. 最後放入洗淨的少許枸杞，加鹽調味即完成。

玻璃肉

兒子在我腹中時，隨我一同經歷了人生的大悲大喜，懷他一個多月我獲得當時文壇有史以來獎金最高的「自立報系百萬小說獎」，領獎之後我家方博士就因「外靈干擾」進入一段瘋癲狂亂的日子，我沒日沒夜都在與「無形的」奮戰，深恐自己一軟弱他的軀殼就會被惡靈占領。有一次他從外面遊蕩回來，突然告訴我說：「有一條來頭很大的靈說要來出世做我們的兒子。」我生氣的對他大吼（其實也是對干擾他的外靈）：「我不答應！叫他有本事來跟我講，不要跟一個瘠的講！」一直到兒子在肚裡七個月後他才恢復正常，到他出生以前我們都處於休假狀態，常跟著專門拍攝蝴蝶的生態攝影家蔡百峻到處拍照，當時我們有一部二手白色飛雅特轎貨兩用車，兩個男人在前座，我則像隻大著肚子的青蛙般，或坐或臥在後面載貨的車廂裡，車上爐具、帳篷、睡袋、麵條、罐頭一應俱全，冰箱裡還有冷藏的食物，有一次在南橫遇到大塞車，我們打開後車廂的兩片門，擺好爐具就地煎起香腸，羨煞周圍因為車流動彈不得而下來活動筋骨的遊客。

我是不清楚兒子的「來頭」有多大，但他出生時體重四千五百公克卻真的是全嬰兒室的「老大」，我的女兒出生也有四千二百五十公克，懷孕時期都是正常飲食不吃宵夜，唯一比較不正常的是他們都讓我的肚子像一顆長長的大西瓜一樣捧在前面，從後面看完全沒有孕婦的身態，也就是說他們的生長完全沒有撐開我的骨盆，以致兒子過了預產期一星期還完全沒有任何動靜，醫生說胎兒太大不能再放所以安排住院催生，當天下午三點開始吃藥，因為被左鄰右舍的哀號叫得我好害怕，所以就跟我家方博士到處遊蕩，時間到了才回護理站吃藥，一直到當晚十點阿滿與趙子來醫院探視，阿滿以前是護士，她計算時間還以為我應該生了，沒想到我們兩個還坐在急診室入口納涼，後來就跟護理站請假外出（因為醫生當天開的催生藥也吃完了），去六合夜市吃宵夜後回家睡了一覺，隔天再回醫院等醫生來巡視。

因為兒子完全不理會大家的催促，後來在醫生建議下採剖腹產，過程順利沒特別安排良辰吉日。三年後女兒在預產期前一個星期寄了出生訊息，那天傍晚與我家方博士固定去澄清湖的青年活動中心露營區練氣（兒子曾在那裡說看見魔鬼，我母親以為是小孩亂說故意問他魔鬼長什麼樣子？他不會形容只用手指比出兩根獠牙），之後順道去附近探視婆婆，回家途中突然感到一陣劇烈腰痠，發現有血水流出，我準備好進醫院生產的物品，抱定非親身體驗生產痛苦不可的決心，等待那「傳說中的陣痛」來臨，卻一夜西線無戰事，想想若是破水好像不能拖太久，還是去找主治醫生報到，他內診檢查了一下說沒有破水（真不知那一陣血水湧出是什麼意思），還說：「既然來了就順便剖腹吧！」我跟醫生抗議說我想要試試自然生產，醫生直截了當告訴我：「妳別白費力氣了！這胎孩子也不小，不要先痛個半死最後還是要剖腹，這樣風險反而大。」我家方博士也勸說：「妳的骨盆都沒撐開，要怎麼把孩子生出來？像妳這種情況在古早時代生孩子就可能會要命了，還是聽醫生的話剖一剖啦！」所以我家的一對兒女都是像「剖西瓜」一樣抱出來的，我常開玩笑說自己根本「沒生過小孩」。

同樣都在聖功醫院進行剖腹生產，生女兒時過程就有些離奇了，當天我完成手術的前置作業後，被推入手術室，一躺上手術台後開始感覺有股異常的寒冷讓我不由自主的發抖，護士為我蓋上手術隔離衣我還是直打寒顫，護士也覺得奇怪說：「手術室的溫度都是固定的，應該不會這樣才對啊？」後來到腰椎麻醉完成，醫生進來進行剖腹產寒意才退去。因為懷孕期間我一個月要寫一本言情書賺錢，後期肚子太大只能側坐，也許長時間的姿勢壓迫，女兒抱出來清洗時護士說：「妳女兒兩邊臉頰大小差好多喔！」我看到女兒第一眼內心的想法是「我怎麼會生出這麼醜的女兒？」她不只大小臉，眼皮腫成一縫，還有大鼻子，我跟醫生開玩笑說：「這麼醜，會不會抱錯了？」醫生安慰我說：「小孩出生都很醜，慢慢就會變漂亮。」但她出院後還長出滿臉的疹子，簡直像隻蟾蜍一樣，我家阿母說那是胎火，去中藥行買了些退胎火的藥煎給她喝，疹子才逐漸退去。滿月那天阿母來給她洗澡，用雞蛋與鴨蛋在她的臉上滾一滾，念念有詞說：「雞卵面，鴨卵面，婧佮無人認。」大約兩個月大每次抱出門，都有不認識的路人稱讚她：「眼睛好大，好漂亮喔！」讓我獲得不少虛榮。

話說女兒出生當時，我家方博士與兒子在手術室門口等待，三歲的男孩當然到處亂跑不安分，事後他轉述說兒子原本在那裡跑來跑去，卻突然跑回來躲在他身後害怕地說：「魔鬼來了。」等一下又說：「魔鬼走了。」然後就又出來亂跑，如此反覆數次，直到最後一次說：「阿彌陀佛的來了。」不久女兒就被放在保溫箱推出來。我們都在猜測他到底是看到哪一尊神佛？會被說是「阿彌陀佛的」應該是光頭的吧？難道是彌勒佛或釋迦牟尼佛之類的神靈？不久之後答案揭曉，有一天中午打開電視，正好在演一齣「濟公活佛」，兒子看見電視裡的濟公，立刻拿起一個玩具放在頭上（模仿戴帽子）說：「阿彌陀佛！」很早就有通靈者跟我家方博士說他有濟公師父在跟隨，回想整個生產過程中那怪異的寒冷，如果沒有濟公師父趕來保護，也許就會發生不測了，誰知道呢？而我們與濟公之間的種種恩怨（其實濟公只是一個統稱，各家濟公的靈體還是有等級差別的），還真是說來話長呢！

關於兒子小時候能看見「無形的」，趣事也是一籮筐，膽子小的大概會被他嚇死，因為不勝其擾，後來我家方博士就跟他說：「別害怕，那是演電影的，爸爸教你，再看見的話你就這樣，把手指放嘴巴前面哈一下再指它，說『殺死你！』它就不敢欺負你了。」也不知是教他這招有效還是怎樣，三歲過後他就漸漸不再說「有魔鬼」的事了。兒子和女兒的名字是拜託書法家王誠一大師的夫人排八字，提供一些較好的字劃供我們選擇，湊來湊去，兒子只有「嘉慶」最好叫，加上他在肚子裡時台灣各地跑了好幾圈，正好呼應「嘉慶君遊台灣」的民間故事，女兒則只有「寶玉」這一個雅俗共賞的名字最好，既有《紅樓夢》裡賈寶玉的知名度，也是我們捧在手心裡的一塊寶玉。兩個孩子一個遺傳父親的「難得不糊塗」，總是忘東忘西，常常惹得我揚言要「打你一百下」，女兒則遺傳我的「秀外慧中」（哈～順便自誇一下），喜歡閱讀小說。兩人住校就讀同一所私立高中，一個讀書總是「背到快發瘋卻很快忘記」的「底一名」，一個利用吹頭髮的時間就能把要考試的內容輕鬆背完的「第一名」（想當初我也是那種臨時抱佛腳卻成績優異的人），兒子先畢業後來由他開車去接妹妹回家，師長們都很訝異他們兩人是兄妹。曾經我也很為兒子的爛成績操心，還讓他去補習班苦讀「國四班」，一年花了二十幾萬，卻也只多二十幾分，後來我家方博士勸說：「免煩惱啦！妳看那些很會讀書的，都在幫那些不會讀書的做事。」轉念一想也確實如此沒錯，就讓兒子順其自然去發展，所以我常跟兒子開玩笑說：「你讀那種爛科系，唯一的出路就是當老闆而已。」

論起嘴刁的程度兩兄妹倒是不相上下，哥哥從小愛吃魚眼睛，妹妹吃筍會特別要求要吃「有很多葉子」（筍尖）的那個。在我家方博士結束淒慘落魄的務農生活，轉入經脈醫術的行醫與教學後，生活品質逐漸改善，因為我們「市外桃源農場」地處偏僻荒野，前不著村後不著店，卻常有學生來訪住宿，所以我這個美麗的方師母還得為學生張羅三餐，練就一手家常菜的好功夫，間接也把家裡那一大兩小養成「歪嘴雞」（食好米）。每次採買都很「大出手」的我，在金錢上還是會精打細算，所以我常會起一個大早，先去前鎮漁港買海鮮魚貨，再去鳳農市場買蔬果肉類，這兩處都屬於批發市場，價格會比一般傳統市場便宜很多。

在「松阪肉」這個名詞還不常見前，熟識的肉攤老闆娘向我推薦他們特取的「玻璃肉」，每片大約手掌大小，水煮十分鐘再悶十分鐘，切片沾蒜頭、醬油膏、豆瓣醬，入口滿嘴生香，那豐腴脆嫩的口感，不同於其他各個部位，我家那三口子「歪嘴雞」一致叫好，因為老闆娘不肯明說而稱做「玻璃肉」，我直接與男同志的「老玻璃」做聯想，就認定那是「屁股肉」，有一次送了幾片給我那擅於廚藝的銀秀阿姑，她拿去白河問遍肉攤都找不到這種「屁股肉」，事隔許久才發現根本是笑話一樁，所謂「玻璃肉」是那老闆娘自己取的，長在豬後頸而不在屁股，正是後來大家所熟知的「松阪肉」。

這種被稱為「松阪豬」的頸肉有個典故，東晉元帝時期民生窮困，元帝渡江到建業時，隨從官吏每得到一頭豬，就獻上最美味的「項下一臠」孝敬晉元帝，後來人們便稱這塊帝王專享的豬頸肉為「禁臠」。我兒嘉慶有帝王名，雖無能為皇帝，卻有張皇帝嘴，很有美食鑑賞力，這塊「禁臠」也是他喜食的食物之一，松阪肉除了做白切外，炒麻油加菇類也是一絕，吃剩還能變化做麻油松阪豬麵線湯，又是一頓好滋味。

麻油松阪豬

2 人份

材料

松阪豬肉　500 公克
老薑片　適量
枸杞　少許
鴻喜菇　50 公克
蔥段　少許

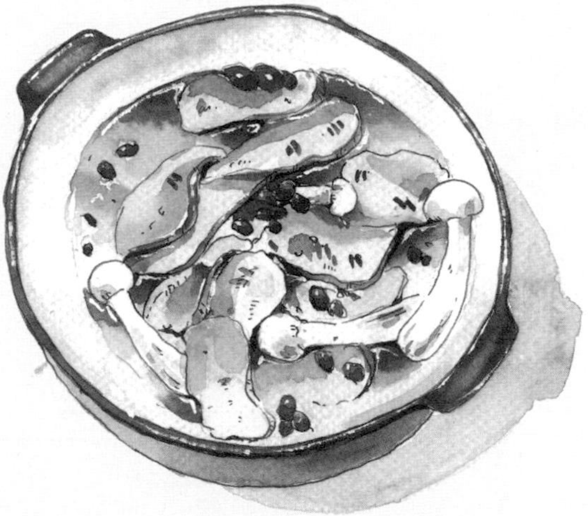

調味料

麻油　適量
米酒　適量
鹽　少許

作法

1. 松阪豬肉洗淨後切片備用。

2. 炒鍋放入適量麻油、老薑片，將松阪豬入鍋炒至表面略為赤黃，再倒入米酒與水（喜歡全酒亦可不加水），煮沸後轉小火煮 10 分鐘。

3. 枸杞及鴻喜菇洗淨，再放入鍋中，以中火與豬肉炒至軟化，再放蔥段略炒，最後以鹽調味即可。

美味 TIP

若有吃剩的麻油松阪豬，加適量水煮沸，打入雞蛋煮熟，再加蔥段、鹽調味後備用。另燒一鍋水煮熟麵線，再加入煮好的麻油松阪豬，就是美味的麻油松阪豬麵線了。

已負債累累到無處借錢的地步，又能去哪裡籌到這筆錢呢？那晚我發愁到徹夜難眠，不知該找誰開口借錢？想不到隔天一位認識不久的朋友「四哥」來訪，我試著把自己的難關向其訴說，他立刻慨然允諾出借二十萬，隨後另一位朋友也答應拿三十萬借我們，錢的問題迎刃而解。

我家方博士發揮他做土木工程的長才，自己整地灌水泥、造地基、留水電管線，其餘交給專業搭建鐵皮屋的工廠，二十天就把房子外殼蓋好，內部只能暫時隔出兩片牆及我們的主臥室，施工做好一套衛浴設備，其餘已經沒有錢再裝潢。老先生為我們在農曆過年前挑一個良辰吉日拜拜「入茨」，交代說等馬年再「謝土」。

這間連天花板都沒有的鐵皮屋夏天雖然熱如火爐，至少在山邊入夜即涼快起來，冬天卻冷如冰窖，每當看著兩個孩子瑟縮在上下鋪的兒童木床上，內心倍感酸楚淒涼。當時在種火龍果雙手經常被枝條刺得千瘡百孔，投資很大果實收成市價卻不如預期，日日難過日日過，一直到二〇〇二年我們夫妻連袂出版《幸福田園》與《痠痛經穴療法》，他所研究的醫術受到肯定，才逐漸擺脫困境，負債也減輕很多。馬年一到，老先生就催促我們趕緊把內部裝潢好準備謝土，辦好謝土十天，老先生即在睡夢中仙逝，距他預告自己離開人世的日子正好兩年，而我們住在那房子裡，到三羊開泰那年即還清所有債務，人生似乎只要方向對了，一切就都順風順水起來，我家方博士也總算認清自己的天命所在。

雖說風水地理之事很多人視為迷信，但我們確實是很巧合的轉了運，也可說是得天獨厚吧！細數我們認識的通靈者不只這位老先生而已，替我們「開通堂」命名的韻律書法家王誠一大師曾帶一位傅先生到我們農場喝茶，傅先生開口即言：「這裡鬼很多你們知道嗎？」明眼人一看都知道，我們背後整片山都是墳場，我笑著抗議：「您別嚇我，我們一向跟這些好兄弟井水不犯河水。」他回答說：「因為你們夫妻是帶天命來做事的，所以才有辦法在這裡住下來，他是財庫，妳是鑰匙。」這話說得倒有意思，我們兩人的組合正如傅先生所言，我家方博士就像一顆裹著糞土的珍珠，算我識貨選擇跟隨他，彼此相輔相成，才能有如今的局面。

猶記在我還是文藝少女時期，朋友帶我去一位通靈者糜先生住處問事，凡前去求教的信眾，都會得到一紙「本木靈師」以姓名所做的藏頭詩，糜先生再根據詩的內容為信眾解惑，他與我們素昧平生，同去的朋友獲得許多指引，唯獨看著我的籤詩許久後兩手一攤，說他不知道該如何解釋？我微笑以對，內心感覺十分神奇，因為詩的內容寫道：「莊康大道君履曉，淑念敫開賽三毛，貞機暗蘊鳳駕引，聖俗一念品西瑤。」

在當時我何嘗敢想自己能有「賽三毛」的一天？事隔數年我便以《失聲畫眉》獲得文壇有史以來獎金最高的百萬小說獎，靈界之事真的妙不可言啊！

另有一位常在各山區採草藥的沈仔，有一次天熱進來我們農場乘涼，我們邀他一起喝茶閒聊，他自稱是「九龍太子」轉世要來濟世助人，並且預言台灣即將發生大地震，要我們做好防備，因為我家方博士受外靈干擾的時期，四處亂跑「辦公事」就為了化解地震危機，對沈仔所言自是深信不疑，但他預言地震的日期一次次落空，最後被我家方博士直截了當的叫他別再漏氣了！倒是他教我做一道「狗尾雞」，我至今偶爾還會做給孩子吃。《本草綱目》記載：「狗尾草味甘性平，入脾、胃二經，兼顧肝、除積，能開脾健胃，民間常用來做為小兒除蟲、轉骨等食療藥材。」記得小時候在鄉下，我總是瘦得兩腳像「白翎絲」一樣，還曾大便大出好幾條蛔蟲來，不知阿嬤有沒有煮狗尾草給我喝？

我們「市外桃源農場」地處鳳鼻頭山麓，就地理位置而言，地脈從中央山脈沿鳳山而來，形如一隻鳳凰俯衝入海，清朝時期被列為「鳳山八景」之首：「鳳岫春雨、龍巖洌泉、淡溪秋月、球嶼曉霞、岡山樹色、泮水荷香、翠屏夕照、丹渡晴帆。」在沿海路未開闢破壞地理環境前，每到春天細雨濛濛，山景美不勝收。日治時期到戰爭，整座鳳鼻頭山到林園清水巖，內部咾咕石山洞被開拓為軍事用戰備坑道，四通八達，盤根錯節。日本戰敗投降，台灣由國民黨接收，這裡同樣列為軍事重地。台灣經濟起飛，臨海工業區成立，環境逐步破壞，這裡因為一直劃在紅線（軍區）範圍禁止開發，我們才得以在此隱居十多年，雖緊鄰工業區仍有一方難得的淨土，直到中聯爐渣堆置場遷移到我們農場前方，每天三台石虎（碎石機）在露天下轟隆運作，無數卡車進出，矽酸爐渣揚塵瀰漫，即便我們用盡所有力氣，小蝦米依然對抗不了大鯨魚，迫不得已搬離那裡，苦心栽種的樹木我們捨不得砍伐賣給木材工廠，卻被接手的財團將半座山掏空夷為平地，那種痛心與無奈沒經歷過的人絕對無法體會。

在與財團抗爭的那兩年裡，為了爭取土地的優先承購權不但數起官司纏身，我家方博士每天因為揚塵空汙暴跳如雷，幾乎想要與對方同歸於盡，我的日子可說是在內憂外患中度過，老先生當初為我們擇位起造的吉屋，因為石虎運作的震動波及整座山丘，早已經變成居住不得安寧的凶宅，我們卻還因為執著於那片林木成蔭的田園不忍捨離，有一天早晨無常瞬間降臨，我騎腳踏車在斜坡摔斷大腿骨，徹底體悟人生禍福常為一體兩面，記此切膚之痛引以為鑑！

狗尾雞湯

2 人份

材料

狗尾草　1 斤
（可至青草藥行購買）
土雞肉塊　500 公克
當歸　10 公克
枸杞　10 公克
黃耆　10 公克

調味料

鹽　少許

作法

1. 狗尾草多用清水搓洗幾次去除泥沙，再用水熬煮 3 小時以提煉湯汁，多餘藥渣則撈除。

2. 土雞肉塊汆燙去血水雜質後洗淨，加入狗尾草湯汁中，再放入當歸、枸杞、黃耆續煮 20 分鐘。

3. 最後依個人口味，以鹽調味即完成。

鯊魚當然有沙

我家方博士在台東南迴鐵路大武工地與精通法術姓沈的老司仔結緣，在老司仔的幫助下將身上為人承擔的因果業障清除，後來被經理調到大溪段做工地主任，領的卻還是試用期三個月的監工薪水，到第二個月時我家方博士已萌生去意，但他決定要做到接通南迴鐵路為止。這條南迴鐵路分兩頭同時施工，於大溪段以橋梁銜接，當時民間流傳「黑蛇箍一輾」（黑蛇指的是鐵路，繞台灣一圈）台灣人就會出頭天，南迴鐵路正是繞行台灣一圈最後完成的鐵路工程。有一次從高雄返回工地的路上，兩人說起這件事，他說不知為何腦中一直有個念頭存在，上梁時他要站在梁上親自指揮吊車，我隨口回了他一句：「大概是上天特意安排你來接通這條鐵路的吧！」瞬間我感覺好像頭被敲了一記，雖然不會痛，腦中卻有回音響起，這是我此生唯一一次親身體驗什麼叫做「被無形的警告」（因為天機不可洩漏吧），趕緊閉上嘴巴不敢再說什麼。

在大溪段工作的那段時間有許多有趣的經歷，除了認識會法術的老司仔，以及也是怪咖的助手阿財與阿蜜夫妻，怪手阿龍還帶我們去認識一位住在太麻里的通靈者，大家每天工作之餘常聚在一起喝茶聊天，聽著海浪聲聲拍岸。而我家方博士最大的樂趣就是在海邊放大釣，所謂「大釣」即是放長線釣大魚，不論釣竿或釣線、釣鉤都是用最大的，鉤上巴掌長的小魚做誘餌，花錢請下海放綾網的「漁排仔」漁民順便拉去遠處投放，釣竿插在工寮後方我們所住房間的外面空地上，竿尾掛著鈴鐺，只要一有動靜隨時能去拉竿釣魚，他經常一放就是兩支釣竿，花三百元一無所獲是常有的事，但也曾經釣到一條幾十斤重的小鯊魚與百斤重的魟魚，說起釣那條魟魚的經過他至今仍眉飛色舞，當天與阿財、阿龍三人合力搏鬥了一下午才把魟魚拉上岸，連路過的遊覽車與旅客都停下來觀戰，釣上來的魟魚送給一位朋友載去魚行只賣八百塊，但光是阿龍一下午怪手沒工作最少損失幾千元大家還是很爽快。

釣到那條小鯊魚更有趣，當鯊魚隨同海浪衝上沙灘時還張牙舞爪，一副想咬人的模樣，待過漁船的阿財拿來一把開山刀砍斷牠的尾巴放血，說是這樣魚肉吃起來才不會有腥味。因為裝漁獲的冰箱放不下，我家方博士把鯊魚帶回工寮支解，魚頭、魚骨、魚鰭、全部切除丟棄在垃圾桶裡，只留剔下的魚肉放入冰箱，收工的原住民工人看見丟在垃圾桶裡的東西笑說：「你們平地人好笨，那個是最好吃的。」我們才恍然大悟：

「鯊魚鰭不就是珍貴的魚翅?」趕緊又撿回來冷藏。

當晚他切了一部分魚肉要我煮魚湯，我研究了半晌發現鯊魚皮很厚，但是無法刮鱗，只好切成小塊放入滾水中加蔥薑煮熟，魚湯清澈如水果然無半點腥味，我家方博士興沖沖舀了一碗，喝了一口湯立刻又吐掉，驚呼說：「怎麼都是沙?」我笑不可抑的回答他：「鯊魚當然有沙，不然為何要叫鯊魚?」隔天問阿財才知道鯊魚的處理通常都是皮肉分開的，皮上的那層沙只要燙過熱水即可用菜瓜布搓洗掉，鯊魚鰭也是燙過熱水搓掉外皮後曬製。我依照阿財所教的方法在工寮製作好魚翅成品，暫時放入冷凍庫保鮮，離開南迴鐵路工地時帶回高雄，隔了許久才拿出來與包心白菜、土雞一起煨煮，那種鮮甜度是外面販售的魚翅所不及的(吃魚翅是錯誤示範，請勿模仿)。

因為知道我家方博士常因為「雞婆」(多管閒事)被無形的修理(懲罰)，老司仔教他一個「阿門的咒語」，說是他在台東門諾醫院住院一年多期間，因為無聊翻遍整本《聖經》才學到的，如果遇到奇怪的情況可以用來防身。有一天我家方博士因為一直釣不到魚突發奇想，對著釣竿比畫加上念老司仔所教的咒語，突然他感覺有一股極大的氣一直跑進他的身體裡，見苗頭不對他趕緊離開現場，不一會兒原本晴朗的天氣開始風雲變色，下起一場豪大雨，雨歇後太陽重新露臉，一位在地的老漁民出來查看他家的「漁排仔」（塑膠水管製造的膠筏），互相打招呼時他奇怪的說：「我在這裡住了幾十年，從來沒遇過這種天氣會下這麼大的雨。」我家方博士裝傻回應說：「是啊！哪會突然變天了？」這件事的經過他說給我聽時，我下了一個註解：「念咒等於搬請天兵天將來相助，人家十萬火急趕來了，卻發現遇到一個放羊的孩子，當然要對你吐口水洩憤！」從此他再也不敢亂念那個咒語，記性不好的他日久也就全忘了。

對於他說南迴鐵路兩邊銜接橋梁時，他準備站在梁上指揮吊車起落，一根橋梁重達一百二十噸，越想越覺得不安。上梁前一天正好幫謝先生他們做處理阿德因果問題的法事，我家方博士在祭壇推倒後立刻載謝先生他們全家去大武車站坐車，老司仔叫我不要一個人留在那裡，我就跟他與阿財一起走去他們的工寮暫避。路上我跟老司仔提起明天要上梁的事，他說這個煞氣很大會傷人，必須祭煞，我問他要如何祭煞？他說這是公司的事與我們無關，但我家方博士說要站在梁上親自指揮啊！老司仔似笑非笑沉默不語，半晌突然問我：「妳看過死人嗎？」我搖頭，他說：「明天就死一個在妳面前讓妳看。」我驚呼抗議：「老司仔，你別嚇我！」我哀求他想辦法幫忙，我們在他的工寮喝茶等我家方博士回來接我，最後他教給我家方博士一招：「嘴咬青（可用檳榔取代），手抓一把鐵釘，大梁吊起的當下，跺一下腳把鐵釘撒出去。」

因為老司仔有交代，上梁的煞氣很大，沒事最好不要去現場，但我實在按捺不住一顆忐忑不安的心，近午時分沿著南迴公路慢慢走到施工現場，靠近工地路段路面有些不平整，遠遠看見有部路過的機車騎過來，速度也沒怎麼快，竟然在我前方慢鏡頭般摔倒在地，看他摔得也沒很大力，卻就倒地不起，動也不動趴在那裡，我的腦袋一片空白，心臟狂跳，直到我家方博士出現才鎮靜下來。救護車來把出車禍的人載走，當天吊完兩根橋梁接通南迴鐵路後，我們便離開那家包商公司回高雄重新找工作，任老闆如何挽留說要升薪水他都不回頭。南迴鐵路正式通車不久後，本省籍的李登輝便當選第一任民選總統。

後來數年我們經歷人生的種種變化，我獲得自立報系的「百萬小說獎」，他遇到「外靈干擾」事件，之後兒子出生，三年後又生女兒，那段時間我們生活最穩定安逸，他在一家工程顧問公司當工地主任，我每個月替希代出版公司寫一本言情小說，兩人薪水月入十多萬。在女兒剛滿月時朋友邀約要到知本森林遊樂區露營，我也實在太好玩了，不顧母親叨念，我們執意開著新買的福特西德進口轎車出門，途經南迴公路他以前做過的地段還特別多看了幾眼，兩人回憶過往種種趣事。

抵達知本當天因為天氣不好，大家改住老爺酒店，隔天早上雖然還飄著毛毛雨但已見陽光露臉，我們一共五家人一起去露營，紮好營開始煮飯喝茶一直到傍晚，女兒開始啼哭不休，怎麼哄都沒用，逼得我們只好離開營地去台東釣魚的朋友陳先生家住一宿，但女兒還是整晚異常哭鬧，那種從未有過的驚狂哭聲讓我滿心不安，只有緊抱在爸爸懷中才會稍停片刻，吵得陳先生夫妻一夜也不得安寧，隔天早上關心詢問：「孩子怎麼會哭成那樣？有什麼問題？」但她一到天亮就睡得很沉，沒發燒或其他不適症狀。吃過早餐我們回到營地與大家會合，整天在知本遊樂區活動都沒事，女兒也很正常不再哭鬧，當晚我們就留在營地過夜準備明天拔營，怎知一覺醒來發現女兒從頭到腳布滿針孔般的紅點，密密麻麻，滿頭滿臉。

事情並未完全結束，回程到接近東港時原本想順道去買些海產，又覺得有些疲憊想早點回家，車過東港後我家方博士也覺得有些精神不濟，略踩煞車減速想靠路邊找空地休息，突然就被追撞了，原來是一位阿伯騎一輛老舊偉士牌機車，緊跟在後沒有保持安全距離，我們一減速他就煞車不及撞上車尾，把新車保險桿都撞壞了，幸好我們有保全險，阿伯也只受一些皮肉傷沒大礙。

接下來三天，我家方博士與兒子都感冒發燒而且病情嚴重，我打電話到市區一家老診所掛號，聽見護士叫著「趙宥慧」的名字，打電話問阿滿：「妳女兒也生病了嗎？」

阿滿咯咯笑說：「去露營的每家人回來都生病了！」會通靈的朋友席芳（沒去露營）告訴大家有無形的在作祟，要他們早晚念經迴向，而且直接挑明事主就是我家方博士！事實證明「無形的」肉眼看不見不代表不存在，凡走過必留下痕跡，凡做過的事，結下的梁子，地球是圓的相拄會著（總會碰上），一報還一報，原來當初上梁時所撒的鐵釘，是比撒鹽、米更狠的手段，若撒鹽、米等於向無形的好兄弟丟石頭，撒鐵釘就無異是射出充滿殺傷力的暗器了！難怪我女兒全身會布滿針孔似的紅點。

市場雖少見新鮮鯊魚肉，但鯊魚煙有專門的食品工廠在製作，想要吃時購買最方便。

炒鯊魚皮

2 人份

材料

鯊魚皮　200 公克
蒜頭　少許
薑絲　少許
辣椒　少許
九層塔　少許
蔥段　少許

調味料

食用油　少許
糖　少許
白醋　1 匙
醬油　1 匙

作法

1. 鯊魚皮切片後備用。
2. 起油鍋爆香蒜頭、薑絲、辣椒，放入鯊魚皮略炒，再加糖、白醋、醬油與一杯水。
3. 炒鍋轉小火，滷至入味收汁後，再放九層塔、蔥段翻炒數下即可起鍋。

牲禮回鍋

跟著我家方博士在做南迴鐵路大溪段土木工程那段時間，認識會符法、咒語、祭草人、剪紙人的老司仔，我對靈異之事總是充滿高度好奇，每天工作之餘就愛纏著老司仔泡茶聊天，向他問東問西探索一些神鬼傳奇。老司仔本身就是一個充滿傳奇的人物，他有幾位無形的老師如濟公師父、恩主公（關聖帝君）、池府千歲等，老司仔並非完全能通靈，而是靈感特強，總有許多奇奇怪怪的方法可以幫人化解一些疑難之事，在他幫我家方博士作法驅除為人背負的因果業障後，我們便引介阿德的爸媽帶他來給老司仔處理因果問題，希望能讓他的狀況再好一些。

阿德的父親謝先生在自來水廠擔任工程設計師，生育一女後再懷阿德卻在七個月早產，保溫箱住了兩三個月才抱回家，必須二十四小時留意他的呼吸狀況，有一次三個大人同時倦極睡著，謝太太突然驚醒過來看見孩子已經停止呼吸臉色發黑，她趕緊叫醒大家一起給孩子拍打急救，孩子才又重新恢復呼吸。他們夫妻篤信神明，常在一間大廟做義工，阿德出世一年他們才敢報戶口，請某位神明幫忙號名之後這尊神連續三個月廟裡問事都請不來，後來再出現時表示祂被關禁三個月，就是為了幫阿德取名這件事惹的禍，玄奇的事還不只這一樁，他們曾在廟裡請一尊媽祖回家鎮宅，晚上拿下媽祖身上的衣服蓋在孩子身上，白天再穿回媽祖金身，結果不到三天就發爐燒毀那件衣服，還有一次是廟裡舉辦法會，神明事先交代他們等法會結束後，讓他們把剩下的燈油拿回家給阿德擦身體，謝先生在法會當天小心翼翼的留意著供桌上的那盞燈，直到法會即將結束時偏偏就有那「魏延」（典故請看《三國演義》）出現把燈打翻，他只搶救到少許燈油而已。這樣一個不簡單的孩子，我家方博士一位朋友長期在標做自來水廠的管路工程，為了巴結謝先生而介紹他們帶阿德來給我家方博士治療，他還真是交到好朋友呢！

阿德當時已經兩歲多還不會走路，總是踮著腳尖斜眼看人，他們每三天一次騎機車載著兩個小孩從十全路到鳳山牛稠埔我們住處「放筋絡」，風雨無阻持續一年多，已經能正常走路，兩眼斜視也改善到一眼正一眼稍微斜些，直到我家方博士承受不了那些無形的業障因果對他身體的損害，藉著到台東做南迴鐵路工程中止治療。遇老司仔作法驅除因果業障干擾後，我們拜託老司仔幫幫阿德這個孩子，老司仔答應後謝先生他們全家便到台東我們工寮過夜，次日去操辦一些祭品金紙，傍晚在工寮後方面對海邊的水泥空地上擺起三層祭壇，還叫來老司仔的助手阿財來幫忙，老司仔說如果要照規矩這種規模的祭壇要花很多錢，但他可以利用符咒以少化多瞞騙一下，除了鮮花四果與一些餅乾糖果外，三牲有兩副，一生一熟，他交代作法期間大家都要肅靜，當他把祭壇推倒時謝先生他們一家就要趕緊離開不能回頭，他還特別交代去車站坐車時絕對不能坐叫客的小車，一定要坐客運車，結果等到祭壇推倒後眾人一哄而散，只見謝先生竟然在原地打轉，我家方博士見狀趕緊過去將他往工寮的出入口推，開車將他們全家送去大武車站坐車，事後謝先生回憶當時他突然腦袋一片空白，整個人處於恍惚失神的狀態，直到要去車站的半路才清醒過來，他說他們在車站等車的時候，一個叫客的小客車司機不斷糾纏他們，非要說服他們坐他的車不可，謝先生謹記老司仔的交代怎麼也不答應，那司機說破嘴幾乎要翻臉，幸好客運車正好到站才擺脫困擾。

祭壇推倒的同一個時間，我見那副熟牲禮丟掉可惜，臨走時順手撿起放入冰箱冷藏（哈⋯⋯，事後才知道那些東西都不能撿），老司仔要我別單獨留在那裡，先去他們的工寮泡茶等我家方博士回來，大家在他們工寮煮麵吃晚餐，老司仔建議我們去旅館住一夜先別回去較好，但我家方博士認為好漢做事好漢當，如果有事怎能自己跑掉，讓不知情的人去承擔？堅持回去工寮過夜。我們住的工寮隔壁就是一個警分局的駐在所，因為地處偏僻海邊，平時幾個警員都穿便服著拖鞋，常過來我們工寮與其他工作人員一起打牌，當天不知為何卻全副武裝穿戴整齊，連同他們的所長在我們房門外打牌至三更半夜，吵得我無法入睡，想到有人說警察的警徽能避邪，乾脆起來把那副牲禮做成宵夜請他們吃，希望他們繼續替我們守夜，結果他們也真不負期許的打到天亮才散會，讓我們平安無事的過了一夜。

早晨上工後，我家方博士發落好工作，我們過去老司仔他們工寮探望，阿財見到我們開始抱怨說交到壞朋友，他以前曾在殯葬業待過，本身對無形界的事也極具敏感性，他說老司仔叫他來幫忙的時候就知道沒好事，抱金紙下去沙灘燒的時候便全身不舒服，他們工寮整夜都像做颱風一樣，吵得他睡不著起來丟菜刀，而老司仔則脖子纏繞紅布巾與一條毛巾，看著我們直搖頭苦笑。他吩咐謝先生他們回去後要用「苦竹水」給阿德喝，「苦竹水」的製作極困難，要用新鮮現砍的竹段以炭火烤熱，讓竹子從兩端滴出裡面的水分用碗盛接起來，謝先生他們無不照做。也許是他們對早產出生的腦麻兒無微不至的照顧誠心感動天，才能有許多貴人相助。曾被通靈者斷言靈魂是智力受損白痴的阿德，在父母費盡苦心養育下學業成績優良，高中考上雄中就讀，平時走路看不出異狀，只在打籃球跑跳時稍微不靈活，視力較弱戴眼鏡，一顆眼球沒那麼正而已，這些成果都是父母一點一滴血淚換來的。

我們搬到小港鳳鼻頭山腳下的「市外桃源農場」居住後，因為背後是一望無際的墳場，所以每月十六日都會準備兩副牲禮拜好兄弟與山神土地，三牲是煮熟的三層肉一塊、雞一隻、煎好的魚一尾，家庭主婦逢年過節拜拜最頭痛的就是不知道該如何處理這些牲禮，我的作法通常是雞整隻煮湯，看是做香菇雞或人參雞，撈起全雞拜完後再撕開回鍋加熱，三層肉整塊滷熟拜完再切厚片放回滷汁中加熱，越滷越香，或直接煮熟拜完分次切薄片做成回鍋肉，魚初步乾煎拜完可以加蔥、薑、糖醋及醬油紅燒，或裹粉炸熟拜完之後再回鍋炸酥，加蒜頭、洋蔥、糖醋、醬油或番茄醬勾芡淋在魚上做糖醋魚，只要花點心思設計一下，拜拜的牲禮還是有很大發揮的空間。孩子小時候我曾寫過一篇散文，形容母親是「千手千眼觀世音菩薩」，天下女性都有為母則強的本領，帶孩子時「眼觀四方，耳聽八方」，做家事或在廚藝上亦要巧手慧心，誰說「女子無才便是德」？勤儉持家的主婦們都像「千手千眼觀世音菩薩」一樣，天天盡責的守護自己的家庭，對家人有求必應，幾乎忘了自己是凡人。

關於準備拜拜的牲禮，這裡倒有些注意事項可以順便談談，牲禮擺放在供桌上時，必須雞頭朝外魚頭朝內，有向外討食大魚進門的含意；拜拜用的雞一般雞販都會把雞腳拗入雞腹中，雞翅倒折，有一次詩人陳文奇來我家幫我舉行謝土儀式，他告訴我說若是要拜天公就得要用公雞，而且雞屁股上還要有三根雞毛，牲禮用的公雞不能拗腳，母雞才可以，為什麼？因為公雞等於男人，腳被折就走不出去了，而母雞要「劬腳」（台語）才能孵卵，有傳宗接代、勤儉持家的象徵。下方照片中的牲禮就是錯誤的示範，過去因為不懂，公雞照樣拗腳，難怪我家方博士總是隱居在「市外桃源農場」裡不愛出門，原來一切必有緣故啊！

圖中就是被我拗腳的公雞。

回鍋肉

2 人份

材料

三層肉　1塊
辣椒　少許
青蒜　少許

調味料

醬油　適量
糖　適量

作法

1. 煮熟的三層肉切薄片後備用。
2. 平底鍋開中火，乾煎三層肉至逼出油脂。
3. 鍋中加適量糖與醬油略炒爆香，再倒入半杯水滷煮入味，趁湯汁收乾前加入大辣椒、青蒜段略炒，即可起鍋。

美味 TIP

三層肉亦可加蒜頭、辣椒、青椒、糖及醬油同炒，也很好吃。

紅蟳米糕

鳳山天公廟前有一家油飯大王生意很好，專賣料好實在的油飯，孫女滿月時我就是來這裡訂購，雞酒由我自己烹調宴請學生與親友。約在三、四年前文學界朋友詩人雨弦娶媳婦，在香蕉碼頭的河邊海產宴客，我帶兒子同行充當司機，怕好友相聚喝酒不開車，喜宴菜色有一道「紅蟳米糕」，我家向來嘴刁的嘉慶君竟然連吃三碗，讓我暗自決定將來換我娶媳婦時也要選在這裡，就衝著河邊道地的辦桌菜。要在家自己做「紅蟳米糕」其實一點也不難，最省事的方式就是去買一份好吃的油飯，再選隻膏滿肥美的紅蟳宰殺洗淨，切塊擺放在油飯上置入蒸籠蒸三十分鐘即成。我住鳳山牛稠埔公寓那幾年常去天公廟旁邊的光遠市場買菜逛街，對那一帶環境很熟悉。除了我自己的原生家庭外，那是我此生第一個完全屬於自己的家，雖然對外我是與一位閨密小惠同住，和我家方博士只是房客關係，但那完全是障眼法，畢竟在那年代，男女未婚同居還是很驚世駭俗的行為，當然更不能讓父母知道。

我在牛稠埔的公寓寫出《失聲畫眉》，獲得自立報系百萬小說獎，也在那裡悄悄結婚生子沒讓任何家人知道，人生的禍福命運全掌握在自己手中，如今回想起那段如此驚濤駭浪的日子，一個不慎也許就一屍兩命，當時我為何有勇氣面對那些考驗而不退縮？我想全是因為愛得夠深的緣故，也無回頭路可走吧！

二十出頭歲剛踏出校門，我迫不及待收拾包袱跟著戲班跑江湖，那是我從小立定的志向，父母長輩幾經阻攔依舊澆不熄我的夢想，沒想半年之後就戲子夢碎，人生似漂萍般無以為寄，與我家方博士的相遇成為命中注定的緣分，有著同為天涯淪落人的灑脫，寄居在朋友家的頂樓小屋，身無長物也能恩愛甜蜜。但還是要賺錢才能支應生活各項花費，我找了一份業務工作，他則有一搭沒一搭的帶登山與做些零星工程，那時候他已經研究經穴療法一段時間，開國術館三個月就被兄弟吃喝倒店關門大吉，我們閒暇時會去一位畫家朋友（也是靈修者）那裡靜坐，或去靠近過港隧道路旁一家檳榔攤看濟公師父起乩辦事，那個神明壇的壇主叫馬沙，約五十多歲年紀，職業是貨櫃車司機，一度我家方博士曾想以此為業，還花了兩萬塊去考牌照，跟著馬沙跑了幾趟北上貨運後就打消念頭，因為他不能忍受睡眠不足的工作。後來他家老大又拿了一件轉包工程，是基隆培德路的道路拓寬，他研究過工程設計圖後，認為價格雖然偏低，卻有土方利潤可圖，不過必須最少有一個月的工期不下雨才行，因為得從林園僱用十多輛鐵牛車運搬土方至附近一塊林地填土，基隆是有名的雨港，只要下雨就無法動工，損失不貲！

當時兄弟幾人都苦哈哈，徵得濟公師父同意坐鎮工地庇佑施工順利，大家湊合二十萬元北上，冀望藉此機會東山再起。而濟公師父果然也神威顯赫，在春夏交接的梅雨季節，那年基隆竟然因為缺水，市政府不得不擺祭壇祈雨，直到我們做完四十多天的土方挖掘工作，才終於下起雨來，數百萬工程款撥放下來，對方家兄弟而言也如同久旱逢甘霖一般，但是過沒多久工程款就被老大挪做他用，要工錢沒工錢，要材料沒材料，兄弟反目的戲碼再次上演，我家方博士與老六、老么決意拆夥走人。濟公師父的乩子馬沙送貨櫃北上順道來探視，獲知情況勃然大怒（也像起乩一般）把整間辦公室砸毀，在場所有人都不知該如何應對，連我站在門邊也遭池魚之殃，明明沒開口說任何話，馬沙卻欺身過來以莫須有的罪名狠打我一耳光，馬沙離開後換老六突然濟公上身，又開始胡鬧，逼得我家方博士只好拿繩子將他捆綁起來。

回到租住處我怎麼也嚥不下這口氣，如此是非不分怎堪為神供人膜拜？於是起床振筆疾書，寫滿一張稿紙的訴文，隔天早晨買了四果去天公廟告御狀，焚燒於天公爐中，要求老天爺做主還我公道。

回到高雄我們就租下牛稠埔這間公寓，找來閨密小惠同住掩人耳目，跟母親借了五十萬交由小惠操作股票賺點生活費（結果是本金一直縮水），我家方博士在朋友的營造公司做工，做最多工作卻領最低工資，還要幫忙看病做人情，當真是「龍困淺灘遭蝦戲，虎落平陽被犬欺」，即便生活不如意，他也還是勤於練氣與鑽研醫書，繼續深入研究「手痛醫腳，腳痛醫手」這套經脈醫術，期待有朝一日能功成名就。由於幫朋友的朋友治療腦性麻痺的孩子阿德，背負太重因果而大傷元氣，我為他找了一份工地監工的工作遠赴台東做南迴鐵路工程，期間認識深諳法術的老司仔為他祭改化解，三個月後因老闆氣量狹小又辭去工作回鳳山打零工。某日參加一場文學聚會，得知自立報系正在徵文，但截稿時間只剩一個月，我突然決定把戲班那段經歷寫成一部十萬字小說《失聲畫眉》參賽，每日以五千字的速度一氣呵成，沒做任何修改就寄出稿件（哈……，要改也沒時間了）。

日子在平凡中開始起變化，首先我們決定生個孩子成為人生永久的伴侶，才懷孕一個多月就獲知《失聲畫眉》得到百萬小說獎，等待領獎的那三個月我不時忙於新聞採訪與書的宣傳，無暇顧及他的身心狀況，跟我一起到台北領獎時他還看不出異狀，回來沒多久我就接到馬沙老婆的告狀電話，說他莫名其妙去他們家把濟公師父的神像抱去外面摔壞，我驚訝的問他：「為何要這樣做？」他一口咬定說：「因為祂一直來干擾我，吵得我無法睡覺啊！」我問：「祂怎麼吵你？」他說：「就一直在我的耳邊說一些亂七八糟的話，叫祂不要再說了，還是講不停。」難怪這陣子他總是會突然發笑又說些沒頭沒腦的話。初時我還不覺事態嚴重，直到他的行為越來越離譜，常三更半夜不睡覺跑去外面不知道在做什麼事，後來開始四處去「辦公事」，兩人一起外出時，連開車都會做出奇怪的動作，說是他故意放鬆讓「祂」操縱他的身體，想試看看會如何？也常突然發笑，說是「祂」故意說黃色笑話給他聽。「你現在是怎樣？卡到陰還是通靈或者起痟？」我生氣的質問他，他卻不回答我，又發出一陣像與祂在共同嘲笑我的笑聲，我憤怒的搥打他，眼淚止不住的流淌，充滿絕望的哭喊：「你為什麼會變這樣？」他卻若無其事的回答我：「我哪有變怎樣？」

以拍攝蝴蝶聞名的朋友蔡百俊介紹我帶他去一個神明壇請示，說是很多精神失常的人都在那裡處理好，我們先燒香拜拜，香插入香爐沒多久就發爐燃燒起來（後來也成為濟公乩身的老六跟我說，一些要騙錢的神明壇會在香爐裡裝置點火開關製造發爐），壇主神情凝重的說這個情形一定要做法會祭改，六神無主的我立刻請他幫忙，約好隔天再去，壇主畫符念咒，作法收元神，燒一堆金紙給冤親債主，從頭到尾他的神態都像個孩子在玩遊戲似輕佻，結果花了五萬塊他依舊如故。又有一位朋友帶我們去新竹找一位老道士，家中神桌擺滿神尊，他吩咐懷孕的我先避開，祭出法鞭要將外靈趕走，說是連甩十八下外靈不走就會魂飛魄散，之後開了幾張符給我，要我用朱砂三錢熬水加燒符給他喝安神（事後才知道朱砂是重金屬，虧我還是讀化工科），也去過一個通靈者的住處請教，他說要請幾部經迴向給累世冤親債主，而他所謂的「請」不過是把幾本磚頭經書搬來擺放在供桌上，隨後又放回去，錢花了照樣於事無補。如今回想當初的種種經過，雖然顯得愚蠢又沒有智慧，但那就像在茫茫大海中即將滅頂的人，不論是誰丟一根繩子給你，你都會毫不猶豫的抓住。

親密愛人突然精神失常讓我深深體會一件事，罹患精神病就像被判無期徒刑，受刑的卻是身邊的家人，最令人絕望的是你不知道何時才能刑滿，那比被宣判死刑更折磨人，因為愛有多深心就有多痛。過去我一直以為會被外靈干擾或附身的都是意志力薄弱的人，但他向來都是意志堅定、無畏無懼之人，怎麼會發生這種情況？為了挽回他的神志，我像在與一個「無形的外靈」拔河，想盡辦法要將他搶回來，我知道只要我一軟弱放手，他就再也回不來了。為了說服他同意去凱旋醫院看精神科，我說得聲淚俱下，請他要為我們未出世的孩子著想，他一再說自己沒病要我放心，我說就算讓我安心也好，他總算答應去看醫生，回答許多問題後，醫生給了一個「非典型精神病」的名詞，吃了一陣子具有強大副作用的藥物，還是一點效果也沒有，種種脫序的行為都顯示他有幻聽、幻覺、被害妄想的狀況，我真的已經無計可施，身心俱疲！

我也曾聽從修行朋友的建議，在家擺香案祈求上蒼垂憐，挺著大肚子一跪就是一小時，直到閨密小惠看不下去硬把我拖起來。在他丟下懷孕的我獨自外出「辦公事」數天下落不明時，我在家裡根本也坐不住，就騎著機車去鳳山的天公廟拜拜，當雙腳一跪的當下，胸腔裡一股交雜著怨氣與怒火傾洩而出，委屈的淚水奔流不止，我質問老天爺天理何在？像他這樣努力研究醫術且救人無數，一生不做虧心事，甚至不貪不求的人，為何會讓他遇到這種事？難道「無形界」沒有法律嗎？怎能如此擾亂人間？除了天公廟外，連城隍廟我都去了，抬頭見到「你來了」的匾額，我心頭一震，是的，我來了！不信天理喚不回，對那外靈干擾的事我真是「禱天告地」，不肯罷休，我請求城隍爺做主別讓外靈再干擾他，讓他可以繼續研究醫術造福蒼生，若有功德也願迴向給諸佛菩薩天地眾神靈，只求他能盡快恢復正常。

在一次他又不顧我的反對，堅持聽從外靈的指示出門辦公事時，我情緒崩潰的對他吼叫：「祂叫你去死，你要不要去死一死？」他完全無視我的悲憤，反而用一種冷漠的眼光看著我。我留下一封信給他，跟他說我真的累了，如果他要繼續這樣下去，在孩子與他之間我只能選擇保住孩子，請他自己好自為之，便收拾簡單的行李出門，無家可歸的我只能去到熟識的五智山光明王寺暫住，讓自己好好思考一下未來的路該如何走下去？在山上住了五天，我的心無一日將他放下，最終還是打了一通電話回家，他彷彿已經等待很久立刻拿起話筒，聽見我的聲音便急著問我人在何處？他要來接我，我哭得無法自抑，跟他說：「我已經顧不了你了，我得為孩子著想。」他一直求我回家，並且保證會聽我的話，那次之後，他開始抗拒那個聲音的指示漸漸恢復正常，在阿德父親謝先生幫助下標做自來水管線工程，兒子出世後我們決定正式辦理公證結婚，沒有婚紗，沒有戒指，情到深處無怨尤，我不惜瞞父騙母也要在此生與他攜手共度。

紅蟳米糕

2 人份

材料

油飯　500 公克

紅蟳　1 隻

作法

1. 市售油飯一份（自己做亦可），鋪放於盤中。

2. 紅蟳宰殺後刷洗乾淨外殼，再將殼剝開摘掉肺鰓，去除蟹口後方的胃囊與白色心臟血管。

3. 處理好的紅蟳切塊擺放在油飯上，放置蒸籠蒸 30 分鐘即完成。

★ 紅蟳蟹膏飽滿時做這道料理，蟹黃會混入油飯中，讓米糕充滿鮮甜的蟹香，吃起來格外有滋味。

牛碎肉薑片湯

住在大社田野間的草茨栽種販賣石蓮花的那段時間，我養成邊聽收音機邊工作的習慣，因為我家方博士執意務農，我也只好如台語俗諺所言：「嫁雞隨雞飛，嫁狗隨狗走，嫁乞食要揹茄苴斗。」從一個拿筆寫小說的文人，化身為鄉野村婦，每天日出而作，日落仍要忙到三更半夜，因為石蓮花屬小眾養生植物，從種植到採摘以至加工販售，都得自產自銷才行。而我家方博士的經營策略則是要求品質第一，有品質才有口碑，有口碑才能建立品牌，所以我們的石蓮花都必須在八點以前採摘，因為陽光漸強石蓮花的酸度會漸退，而採摘下來的石蓮花還必須一葉一葉挑選，凡葉尖已經開始枯萎老化的會影響口感都得淘汰，然後再過秤分裝成半斤一包冷藏，直接賣新鮮石蓮花葉或打成石蓮花汁，對於石蓮花汁的製作更是絲毫不得馬虎，半斤石蓮花葉配二兩半蜂蜜打成一千毫升的汁，蜂蜜用的還是供應製作「長崎蜂蜜蛋糕」同家養蜂場所生產的蜂蜜，總之我家方博士就是要求品質一定要控管到口味絲毫不差，因而我每天一睜開眼，起床把長髮捲起用鯊魚夾夾在腦後，除了把兒子送去幼稚園順便買菜回來外，整天都埋首於工作中，直到深夜做完所有工作，晚上洗澡準備睡覺才會放下頭髮，連我的大娘姑（先生大姊）看了都搖頭嘆氣說：「好命金絲毛，歹命頭毛長。」真的是忙到蓬頭垢面啊！

一般上班族一天工作八小時，算算我這個現代農婦一天幾乎要做十六小時，在這麼長的時間裡做著千篇一律的事，不聽聽收音機可真無聊，當時我最愛收聽的一個節目就是中廣寶島網台語的《中晝（午）茶》，由資深名主持人陳美枝女士搭配另一位男主持人共同製作播出，內容多數與台灣文化及農村在地生活資訊相關，我很喜歡美枝姊那充滿熱情又平易近人的語調，詼諧幽默的對白，展現台灣女性特有的智慧及寬厚待人的風格，連續數年我在中午都會準時收聽，包括遷移到鳳鼻頭的「市外桃源農場」那段負債最多的時候，後來我們出版《幸福田園》及《瘦痛經穴療法》後生活漸入佳境，我特地寄書到電台送給美枝姊，感謝她溫暖的聲音陪我走過很長一段人生最艱困的歲月，想不到美枝姊收到書竟然親自打電話道謝，還邀請我們去上她的節目，大家就此結為好友，美好的情誼歷久不衰。

近年來我愛在做菜的時候收聽中廣王瑞瑤的《超級美食家》，節目不只有名師教授做菜的方法，也有專家談食安問題，口頭禪「吃美食也要長知識」我很認同，「民以食為天」這句話大家耳熟能詳，但日常三餐我們究竟吃下什麼？對於食物我們有什麼認知？美食的定義在哪裡？這些大家是否都清楚明白？至少在我家的餐桌上，沒有盲目的崇拜（即使名店買回來的食物也會被嗤之以鼻），只有味蕾最真實的反應（我家小犬與老犬總是愛恨分明）。以牛肉而言，常在王瑞瑤的節目當中聽她和來賓談「熟成牛肉」，就是把牛肉放在一個適當的溫度與濕度下，讓牛肉當中所含的酵素自然發酵，這個過程又分「乾式熟成」與「濕式熟成」，經過熟成的牛肉會更加軟嫩多汁，但是我家方博士去吃過兩家高貴的「法式料理」及其他異國餐廳的牛排，不論是熟成或醬料醃漬再煎烤，他都不怎麼喜愛，唯獨我做的一鍋牛碎肉薑片湯，父子倆百吃不膩。

我家方博士人生從高峰跌落谷底的時期，以帶團去小鬼湖登山賺點生活費賴以維生，從過去出入餐廳酒店豪擲萬金也面不改色的公子哥，變成經常口袋空空的窮小子，當然連他最愛喝的茶也買不起（好茶太貴，劣茶難入口，不如不喝）。在三民市場旁開設「元香茶行」的老闆元香姊有一群姊妹淘，很喜歡參加我家方博士帶領的行程，或去小鬼湖爬山，或去台東金峰鄉的比魯野溪溫泉，她們總是親切的稱他「憨小弟」，每次他去元香姊的茶行拿大家的證件要去辦理入山證，元香姊常會私下送茶葉給他，後來他重回土木工程界做工地主任，每次去找元香姊都會順便試茶買茶，接著又決心務農創業栽種石蓮花，每天開著小貨車做自產自銷的攤販，在三民市場入口遇到以前做工地主任時認識的一位北工處主管，不以為然的問他：「哪會來這擺路邊攤？」我家方博士傲然回答：「以前做主任爾爾，今馬我家己做頭家。」

在三民市場口擺攤賣石蓮花的那段日子，偶爾他會抽空去找元香姊喝茶，有一次她剛煮好一鍋牛肉湯，添了一碗給他，很合他的口味，他問元香姊：「這是什麼肉？怎麼會那麼好吃？」元香姊告訴他：「這是處理牛肉時切下來的碎肉。」過幾天，他帶了一包回來要我煮，說是元香姊買來送他的，只要煮薑片就好。我先把牛碎肉用蔥、薑、酒滾水汆燙洗掉雜質，湯鍋加水與一碗酒煮沸，放入洗淨的碎肉，加大量老薑片，小火熬煮一小時又四十分鐘（如能加塊牛骨一起煮，湯頭會更濃郁），因為全部都是筋連肉，所以充滿膠質與本土現宰牛肉的鮮甜，聞之肉香帶著老薑的辛香，沾豆瓣醬食用，父子倆吃得津津有味。當時與我們同住草茨賣石蓮花的母親，見到我煮牛肉都會叨念：「做穡人哪能食牛肉？」我家方博士卻不以為然，他說現在的牛都是養來吃的，不是種田的耕牛，六畜為人所食，即便命理師朋友說他「帶魁罡」最好不要吃牛肉，他還是很白目的回說：「我是帶碗公，什麼都可以裝啦！」不過他做得像牛一樣辛勞務農卻沒有一個好結果，從石蓮花到後來改種紅龍果，越拚越淒慘，負債高達七百多萬，幸虧都是朋友相挺，才不至於被債務壓垮。

《痠痛經穴療法》的出版讓他走上行醫教學之路，也化解了經濟危機，生活逐漸順遂起來，我們每次去三民市場找元香姊的時候，一定順便買一大包牛碎肉回來煮薑片湯，在他患者最多的時候（相對的身體累積的病氣也最多），每天根本吃不下飯，都以一碗牛碎肉薑片湯加一顆大水蜜桃過一餐，如此整整維持三個月之久。我們每天所吃的食物，除了吸收其養分外，在中醫的理念裡面，還會攝其精氣，越是新鮮越有能量，不是飄洋過海來的肉類能比。

日前在林園早市發現一家賣現宰牛肉的專門店，想說以後吃牛肉不用跑那麼遠去買了，結果我家方博士一入口就問：「妳這牛肉是去哪裡買的？」兒子也直說很難吃，父子倆口徑一致下斷言：「這一定不是黃牛肉，可能用進口貨冒充的。」我說給三民市場牛肉攤的老闆娘聽，她笑著回答：「不是現宰的牛肉都一樣好吃，還是要會選貨。」果然一分錢一分貨是市場不變的法則！

牛碎肉薑片湯

2 人份

材料

牛碎肉　500 公克
老薑片　200 公克

調味料

蔥　適量
米酒　半瓶
鹽　少許
豆瓣醬　1 匙
醬油　2 匙

作法

1. 鍋中倒入水，加入蔥、薑、酒後煮沸，再放入牛碎肉汆燙，撈起後洗淨備用（如有牛骨也一併處理）。

2. 燒開適量的水加米酒（酒可以多放些），放入牛碎肉（若有牛骨也放入）與大量老薑片（湯水最好別太多，以吃肉為主），水滾後轉小火熬煮 1 小時又 40 分鐘，最後以鹽調味即可。

   ★ **這道湯品因為含不少油脂，邊煮邊撈除過多的浮油才健康喔！**

3. 沾醬以豆瓣醬及醬油調和，與牛碎肉一起食用即可。

吳郭魚

剛在大社試種石蓮花的那年，兒子讀幼稚園女兒才三歲，母親與我們同住在位於田間的草茨，每天騎摩托車往返觀音山的大覺寺前賣石蓮花。當時因為剛開始務農，朋友們也對我們這樣的生活感覺很新鮮，幾個有孩子的家庭常在假日時來我們住的地方玩。因為我自己有故鄉童年的經驗，也很希望孩子們能重溫我童年的遊戲，所以我會教他們拔牛盾棕的花莖玩「草霸王」，把兩人的花莖打個結互穿拉扯，沒斷頭的就是「草霸王」。有時還會挖取兩大箱黏土和一些水，揉捏成具黏性的土團，讓他們捏土偶或玩「扣碗公」的遊戲，孩子們各取一團黏土捏成碗公狀用力的往地上摔，「落屎（沒開花）」的要補開花的一塊與破洞同等面積的黏土，技術好的就會越玩越大塊，技術差的就越玩越小塊，有時碗公開花還會噴得自己滿臉泥土。

遇有連續休假，我們幾個家庭會一起去露營，為了務農我們賣掉轎車改換貨車，正好方便載運腳踏車與煮食的爐具、餐桌椅，加上我也比較會煮食，所以都是由我負責食物的採買與準備。對母親而言，她是很看不慣我們這樣的生活方式，她認為沒錢的時候就該努力賺錢，怎麼可以貪玩？原本對這個高齡女婿她就很不滿意，只是女兒的選擇她不得不接受，再看到我們那些朋友個個都比我們好過，心裡難免感到我們處處不如人，有一次在我們準備出遊時她忍不住念了一句：「閹雞也敢趁鳳飛！」這句話深深傷了我家方博士的心，這也是我母親一生最大的敗筆，她為家庭子女犧牲奉獻一切，卻因為說話太難聽，在家族裡總是吃力不討好，正應了一句俗話：「心歹無人知，嘴歹上厲害！」

因為想要務農創業，放棄土木工程工地主任的高薪，每天都從早忙到晚，讓我這個得到「百萬小說獎」的作家跟著累得像狗一樣（不，狗哪有我們累），剛開始還懷抱著陶淵明的耕讀美夢，做了之後才發現完全有耕沒讀，因為自產自銷的關係，兩個人根本忙得分身乏術！後來又遭遇地主要收回土地，我們只得又搬到小港鳳鼻頭的芒果園從頭開始建立家園，全靠朋友的幫忙才能度過難關。

俗話說：「食人一斤也要還人八兩。」朋友們請吃飯常去餐廳吃美食，但我們要回請卻是巧婦難為無米之炊，在經濟困窘時邀朋友們來吃飯，如何才能做出好吃又便宜的料理，真得要費一番思量。在所有魚類當中，吳郭魚算是最便宜又新鮮的，連在魚攤上也常見還活蹦亂跳，吳郭魚俗稱「南洋仔」或「非洲仔」，屬於慈鯛科之熱帶魚類，民國三十五年由被日本人徵調至南洋參戰的吳振輝與郭啟彰兩位先生，自日本人的養殖場偷撈數百尾剛孵化沒幾天的「帝士魚苗」裝在鳳梨罐中，最後由郭啟彰先生成功帶回台灣養殖的只剩十三條，這種魚類繁殖迅速抗病力又強，很快在台灣各地都能見到此魚蹤跡，又因此魚外型既非鯽魚也非代魚，所以也有人稱其為「南洋鯽仔」或「南洋代仔」，早期還美其名為「福壽魚」，近年來因台灣的水產養殖技術不斷提升，養殖出來的吳郭魚肉質肥美，外銷量激增，因此改稱「台灣鯛」。

依我嘉義故鄉的口語，我們習慣叫牠「南洋代仔」，是村裡幾個「窟仔」（池塘）放養的魚種之一，每次「涸窟」（把水抽乾撈魚）之後，即使不放魚苗，靠著殘存的魚卵牠都能魚口興旺。阿嬤煮「南洋代仔」都是煎赤後潑豆油糖，我自己掌廚後慢慢學會許多不同的吃法，也發現吳郭魚還有鹹水養殖，或者說是養殖其他海水魚類時牠也來插花，市場稱其為「鹹水南洋仔」，鹹水與淡水兩者間的差別在肉質，淡水養殖成長快肉質纖維較粗些，鹹水養殖成長慢，沒那麼多油脂，肉質卻更細緻，有些嘴刁者甚至覺得「黑格仔」不如「鹹水南洋仔」（兩者外型有些近似）。

因為父母親在市場做生意，我們向來的生活習慣都是想吃什麼就買什麼，日常花用從來也不會精打細算，我家方博士其實也一樣，務農的那段日子算是我倆人生最困頓的時期，總是入不敷出，總有一堆等待支付的帳單，等著建設經費的項目，生活就像在補破網，密密是孔，怎麼補都補不完。吳郭魚是我在那個時期最常買的魚，幸好孩子們也並未吃膩，女兒喜歡吃麻油麵線，兒子喜歡乾煎，乾煎要選大尾的吳郭魚，油脂豐富才能香氣四溢，做麻油麵線選鹹水南洋最好，魚肉細緻鮮美，與高價的海洋魚類相比，其實毫不遜色！就像當初我們與朋友相處在一起，從來也不自卑一樣。

鹹水南洋仔最適合用來做麻油麵線。

乾煎吳郭魚

2 人份

材料

吳郭魚　1尾

薑片　少許

調味料

鹽　適量

食用油　少許

作法

1. 吳郭魚洗淨，斜劃兩刀，兩面抹鹽略醃片刻。
2. 平底煎鍋燒熱再倒油，放薑片與魚煎至兩面赤黃即可盛盤。

延伸料理

鹹水南洋仔麻油麵線

1. 吳郭魚洗淨後瀝乾水分備用。
2. 炒鍋先加熱再放麻油、薑片，魚入鍋後以小火煎至兩面赤黃，再倒入適量米酒嗆出香氣，之後加水煮至湯色轉白，放薑片、鹽調味即可。
3. 另燒一鍋水燙麵線，撈起置於湯碗中，再放入步驟 2 煮好的魚及湯即完成。

白斬雞與茶油雞

每年農曆六月二十四日是關聖帝君的誕辰，我們夫妻必在正日之前偕同一些開通堂弟子，提早前往雲林斗六的南聖宮拜拜，一來履行承諾捐獻建材，二來祈求帝君繼續護持我們開通堂「陰陽醫學」的推廣能順利進行，培養更多具有仁心仁術的好醫生造福病患。說起南聖宮關聖帝君與我家方博士的淵源頗深，早在他三十七、八歲時，因為么弟要結婚，他和二哥負責上門提親，途經斗六，二哥突然邀他順道前往南聖宮拜拜，一年後二哥被某宗教團體領導人「啟靈」，出現靈動現象，既像起乩又像通靈，三不五時就會說些莫名其妙的話。有一次他去二哥家裡探視，與二哥兩人一起坐在一張椅條上，靜坐許久後，二哥突然用手推了他一下，明明沒有很用力，他卻感覺被一股無形的力量差點推翻，待他穩住腳步，二哥開口叫他：「賓仔，我是誰你敢知？」我家方博士橫看他一眼，心裡的OS是：「你是阮大兄我敢會毋知？」但二哥卻一臉正氣凜然的告訴他：「我是南聖宮的關聖帝君！」還問他：「你有和恁大兄去過我的廟一趟對否？」就在他半信半疑之際，帝君透過二哥的口說：「你以後會成為名醫，會來幫忙我起廟。」說完隨即又變回二哥的樣子，問他：「你什麼時候來的？」讓我家方博士一頭霧水。

當時他開設的國術館剛被兄弟吃倒，功夫也只在能處理痠痛與一些小毛病的階段，學歷又僅僅才小學畢業，「名醫」這個頭銜根本遙不可及，連做夢都不敢想像，怎料想得到人生幾番波折後，竟然真如帝君所料靠醫術揚名天下。如果行醫真的是他此生的「天命」，不接受恐怕不行，「天將降大任於斯人也，必先苦其心志，勞其筋骨，餓其體膚，空乏其身，行拂亂其所為」，這些階段我們無不嘗遍，在生活中跌跌撞撞，直到最後被沉重的債務逼得他重操舊業，決定利用務農之餘為人處理痠痛，打著「當場見效，無效免費」的招牌，想要賺些外快貼補家用。在此之前母親因為嚴重痠抽痛舉步維艱，日夜飽受折磨，被高雄長庚醫院有名的風濕免疫科名醫診斷為骨刺（椎間盤突出壓迫神經）需要開刀，後來在女婿的治療下痊癒，母親聽我說過帝君預言他會成為名醫的事，建議我們若要開始行醫就去南聖宮拜拜，請帝君保佑護持，於是我們專程開車前往斗六，南聖宮尚在興建中，我許下承諾日後經濟狀況好轉會再來答謝。

我們所處的這個世界，是由時間與空間，有形與無形所組成，看不見的不代表不存在，從小在廟口玩耍長大的我相信有神，卻也和一般人一樣難免半信半疑，但祂就是會透過一些事讓你感到妙不可言。我們去南聖宮拜拜後，還是繼續在艱苦的日子當中努力奮鬥，有一天夜裡，在做南迴鐵路認識開怪手的朋友阿龍，帶一位彰化的林老師來喝茶，在我們「市外桃源農場」四周一片漆黑的鐵皮茶棚下，林老師開口便說：「你們這個山頭有插著帝君的四方旗。」此話讓我既驚訝又感動，原來帝君真的有來護持我們。

我家方博士的《痠痛經穴療法》出版後，正式踏上行醫之路，隨著名聲崛起，來求助的患者疑難雜症都有，跟無形的扯上關係的也不少，例如有一位太太被先生家暴多年，等到她全身是病才幡然醒悟，她四處求醫兼求神問卜，神明指示她說業障已消除，靜候時機會有好醫生能治好她的病，不久她突然做了一個夢，夢見她在一間鐵皮屋裡面給一位「先生」（古早時代對醫生的尊稱）把脈，那人的面容清楚停留在她腦海裡，後來她在電視新聞報導裡看見我家方博士的採訪，一眼認出他就是出現在她夢中的人，於是打電話到電台詢問我們的聯絡方法，經過幾次全身調理，病痛逐漸痊癒，直到最後一次來回診她才說出自己的經歷，還加註說：「我夢見你的時候，你的臉比較黑，現在比較白。」因為去年夏天他還在大太陽下做穡當農夫，等到她來看病的時候，距離他棄農從醫已經有一段時間。

還有一位年輕人是他外甥介紹來的，小腿骨折剛出院，他說是被「囝仔公」從鷹架上推下去的，原因是他的祖先不答應讓他成為祂的乩身，所謂「囝仔公」是古時候死掉的嬰孩，因為埋葬的地方有地理靈氣，日久修練成陰神（未正式受封的），為了讓他乖乖成為代言人為其服務，所以故意讓他出意外，甚至在醫院每次裹好石膏就來拉他的腳，讓斷骨移位必須重接，最後沒辦法只能開刀固定。出院後來到我們的「市外桃源農場」調氣，第一天來的時候人顯得精神有些恍惚而已，還看不出有什麼異狀，但那晚我家方博士上床就寢時眼睛才一閉上，眼前便立刻出現一張死白的臉，嘴裡含著一根棒棒糖，臉湊得很近瞪視他，背後還跟著一群孩童，他也毫不畏懼的與之對視，接著突然有一尊身穿戰袍的巨將出現，擋在他的前方，那個「囝仔公」才退去。第二天那個年輕人再來時，把他推落鷹架的那個「囝仔公」也跟來了，在我家方博士為他把脈時他突然痛苦喊叫：「又在揪我的腳了！」我家方博士心知有異，抬頭嚴厲的問道：「正在看病，是在揪啥洨？」那人隨即變了一個孩童的聲調，告訴他說：「我是要來這裡講事情的。」他回答說：「我這裡是在看病的地方，沒有在給人辦事。」那人堅持說：「我就是要來這裡講。」我家方博士只好答應說：「好，你明天再來，我叫一個懂的人來跟你講。」

於是他找來林老師，沒幾下功夫就把那個「囝仔公」趕走了，看來無形的世界也跟現世一樣，都會恃強凌弱，我們怎能沒有靠山？雖然聽我家方博士講述這件事時，我立刻猜到那位身穿戰袍的巨將是誰，但我還是很白目的問了一個問題求證這件事的真實度：「那個囝仔公嘴裡咬的棒棒糖，那根柄是木材製的還是塑膠製的？」他回答說是木材的，如果他跟我說是「塑膠柄」，那我一定會反駁他是「日有所思，夜有所夢」，因為古時候可沒有塑膠柄製的棒棒糖。

我家方博士是一個沒事就腦袋空空的人，精通五術的林春文教授曾看過他的手紋，驚為天人說：「這是難得一見的天真。」我問：「什麼叫天真？」林春文教授回答：「除了幾條主要的手紋外，沒有其他雜紋。」我再問：「這種手紋代表什麼意思？」他想了一下，簡單回答：「可以說是從零到百歲的智慧。」我哈哈大笑回說：「對啊！他大多數時間頭腦都是零歲，只有少數時候會突然變百歲。」早年每次去雲林斗六拜拜，都會由雲林藥劑師公會理事長東京藥局的陳慶商藥師與林春文教授作陪，我戲稱陳慶商是假學生，他一直尊稱我們是老師、師母，自己卻沒來拜師學藝，而是介紹他在薩爾瓦多讀書的堂弟陳秉豐來學習，他平時交遊廣闊，在地方上廣結善緣，每次去他都熱誠招待我們與一票朋友認識。聽說我愛吃白斬雞，他便安排古坑的華山小吃部，吩咐店家一次來兩盤，光我一人幾乎就快獨自包辦一盤，到目前為止，我尚未在外面吃過比華山小吃部還好吃的白斬雞，就像炒飯最能看出廚師功夫深淺一樣，白斬雞其實是所有雞料理中最難的，因為煮雞的成敗火候是最大關鍵，多一分太老，少一分太生會見血，而華山小吃部的白斬雞不但肉質細嫩鮮甜（用的是雞孌），鹹淡還控制得恰到好處，不用沾醬直接吃就無比美味，這才是做料理的最高境界，不以花俏取勝，完全靠火候展現食材自身的美味。

有一次過年初五跟兒子媳婦從台北板橋南返，順道轉入古坑上華山吃飯，因為沒有事先預定吃不到白斬雞，改點茶油雞也同樣美味，兒子稱讚不已，做母親的怎能不偷師自學呢？天下父母心，誰家餐桌上的菜色不是以子女的喜好為主？

白斬雞

2 人份

材料

放山母土雞　1 隻

調味料

鹽　1 匙

作法

1. 燒開一鍋水（以能完全淹過雞身為準），土雞洗淨後，抓住雞脖子後放入滾水中數秒，抓起等水再次滾沸，再放入數秒，如此反覆三次，待水沸後第四次才全隻放入鍋中，煮開後轉小火，不加蓋煮約 15 分鐘（視雞的大小調整煮的時間）。

2. 煮好後加蓋，熄火悶 15 分鐘（煮的時間與悶的時間等同），之後撈起放涼。

3. 待雞肉放涼後切塊，另取半碗煮雞的湯汁加 1 匙鹽（要有些鹹度才好），均勻淋在切好的雞肉上即完成（若習慣沾醬吃，可用蒜頭、蔥花、辣椒末加釀造醬油調配醬汁，或直接沾客家桔醬，可依各人喜好調配）。

美味 TIP

整隻白斬雞若吃不完，可將雞胸肉切成肉丁或撕成肉絲，加一碗雞湯與一大匙鹽，與適量油蔥醬一同煮沸，澆淋在白飯上即是好吃的雞肉飯。

三日節包潤餅

我們嘉義東石清明祭祖都在農曆三月三日，稱做「三日節」，這天拜拜的肉與菜就是包潤餅的材料。潤餅也叫做春捲，以高筋的麵粉烙出餅皮，撒些花生糖粉，放上切成細條的三層肉、香腸、蛋絲及燙炒過的蔬菜包捲起來，就是入口濕潤爽脆，滿口香甜的潤餅。

農曆三月三日也是玄天上帝的千秋聖誕，歌仔戲常有這些神明修成正果的戲齣，相傳玄天上帝本為屠夫，為了修道放下屠刀，多年後在一處岸邊剖腹掏出胃腸丟棄在江中，洗淨因果業障後得道成神，但祂的胃腸卻化為龜蛇二精在凡間作亂，所以祂再度下凡收服龜蛇二精踩於腳下，成為祂的「腳力」（部將）。我家方博士同在這天誕生，以前住在鳳鼻頭山腳下的「市外桃源農場」時，每年開春至三月間，都有許多陸龜從前方的圳溝爬上山坡下蛋，我總戲稱牠們是來朝拜主人的，而我這屬蛇的仙姑早已被他收服在身旁，因此常拿這個牽強附會的民間傳說，來增添一些生活談笑的樂趣。

我們「市外桃源農場」地處邊陲山野，背後荒塚數千，自從順應天命走上行醫教學之路，來自四面八方的患者慕名而來，其中自有許多故事，我常有一種感覺，人間一切鏡花水月，皆為了卻前世的一段因緣，例如俞也萍這位已故患者，她是一位才藝班的老師，先生是郵差，結婚多年膝下無子，夫妻婚姻生活倒也恩愛如昔，有一天她突然昏迷送醫才發現竟然有先天性糖尿病，因嚴重尿毒症住進加護病房，醫院還數度發出病危通知。

在醫院治療了很長一段時間才出院的俞也萍，從一個略微豐腴的亮麗女子，瘦成骷髏般的紙片人，全身只剩骨架且不良於行，先生開始帶她看中醫，希望能改善身體狀況，連台北最有名的張姓老中醫都去過了，還是未見起色，有一天半夜醒來睡不著，她躺在床上拿電視機的遙控器胡亂轉台，看見《在台灣的故事》節目重播，電視裡的那位赤腳大夫深深吸引她，天亮後她立刻對丈夫說她想去高雄鳳鼻頭找「怪醫方博士」看病，她先生二話不說馬上開車載太太南下，憑著電視節目中的蛛絲馬跡，他們竟然順利就找到農場來，開始定期做氣脈調理，不到一個月就能脫離輪椅步行搭車，半年後開始恢復上班，每個星期假日她先生都會陪伴她一起來農場，好吃的她常會帶美食來與我們分享，但因為體質差經常為此拉肚子，我家方博士告誡她：「妳的身體現在問題最大的是肺部，肺與大腸相表裡，傷害大腸就等於傷害肺，妳別這麼貪吃，要忌口一點，吃得都拉肚子了還吃？」她像個不聽話的孩子般吐吐舌頭笑說：「沒辦法，太愛吃了。」

有一次他們來的時候正好逢上三日節包潤餅，我請他們一起吃潤餅，俞也萍興奮分享自己娘家的春捲作法，他們是外省家庭，春節必吃的年菜之一就是炸春捲，她口中所說的春捲是像蝦捲大小，以小張潤餅皮包著蔬菜絲與絞肉，還調入雞腳凍讓它有些湯汁，沾蛋液封口，如包水餃般一次做上許多冷凍起來，要吃的時候再拿一些出來現炸，她說要回娘家找看看冰箱還有沒有剩下的，下次再來農場時她便以春捲相贈。我拿去現炸端出來供大家品嘗，春捲果然是春捲，與台式潤餅大異其趣，各有不同風味。人生變化無常，她在鬼門關前走一遭，好不容易在我家方博士的調理下恢復正常生活，卻因感冒轉為肺炎，最終逃不過病魔的摧殘，在加護病房與死神搏鬥之際，他先生打電話向我們哭求：「拜託救救我太太！」但人在醫院裡我們也無能為力啊！處理完太太的後事，她先生獨自來到農場，見到我們隨即痛哭失聲，說他的心好痛好痛，不知該怎麼辦才好？傷心來自他對妻子的深情難捨，任何的安慰也無濟於事，我只能陪他落淚，告訴他該做的你都為她做了，萬般皆是命啊！也許她此生就為了卻這段情緣而來，與深愛她的丈夫，與我們都是前世未竟的果報。

小時候在故鄉東石圍仔內吃潤餅的記憶還停留在腦海，菜色是三層肉、香腸、高麗菜、豆芽菜、豆仔薯、青蒜、芫荽等，大人會由著我們自己夾菜自己包，小孩就愛撒上很多花生糖粉，堆成小山似的肉、菜和大麵（黃油麵），四邊餅皮合攏起來後雙手捧著吃，再互相嘲笑對方包得像尿帕仔（尿布）一樣。飲食是從味蕾與記憶傳承，母親並未特別教過我如何做潤餅菜，但我自然就會張羅料理，菜就是那幾樣在變化，唯一的創意就是將珠蔥、韭菜、青蒜、芹菜、芫荽這五種有辛香味的蔬菜做不同搭配。

各家的潤餅因包入的材料不同，自有各家獨特的風味，朋友說他們台中人包潤餅不用白切三層肉，而是用鹹豬肉或滷肉，另外有人會包入皇帝豆、蝦仁、烏魚子等，但我還是鍾愛小時候吃的家鄉味。外面市售的潤餅，蔬菜都是過水汆燙再擠乾水分而已，這樣的潤餅吃起來雖然爽口，但總是感覺清清，沒有鑊氣就像沒有人情味一樣。我喜歡用珠蔥炒蛋，韭菜炒豆芽與豆乾，芹菜配紅蘿蔔絲、木耳絲、高麗菜絲同炒，青蒜的綠葉用來拌炒油麵，蒜莖切斜片炒豆仔薯絲，芫荽洗淨直接包入潤餅中，五色（紅黑黃白青）供養五臟，期許家人身體健康，雖然準備潤餅菜過程耗時費力，但包入的愛心與互相交流的人情，就像那花生糖粉一樣，又香又甜的從味蕾深植在記憶中。

潤餅

2 人份

材料

雞蛋　2 顆
豆芽　半包
豆干　5 塊
紅蘿蔔　1 條
高麗菜　1/4 顆
木耳　2 片
豆薯　1 顆
香腸　2 條
三層肉　200 公克
潤餅皮　1 包
油麵　1 包

五種辛香菜

珠蔥　半把
韭菜　半把
青蒜　60 公克
芹菜　半把
芫荽　半把

調味料

鹽　少許
食用油　少許
香油　少許

作法

1. 紅蘿蔔、高麗菜、木耳及豆薯分別洗淨再切細。燒開一鍋水加一小匙鹽，把食材先過水汆燙後備用。
2. 炒鍋倒少許食用油與香油，先分別略炒五種辛香菜爆香（中火炒出香氣即可），加少許鹽調味，再倒入其他汆燙好的食材，拌炒一下，最後倒入不鏽鋼濾網濾掉多餘水分備用。
3. 鍋中倒油，放入珠蔥和蛋，煎成蔥蛋；韭菜則與豆芽、豆干同炒；鍋中放紅蘿蔔絲過油，再放芹菜段爆香，最後加入高麗菜翻炒；青蒜的綠葉則用來拌炒油麵；蒜莖切斜片炒豆薯絲。
4. 三層肉切成長條狀；香腸先用電鍋熟再用油煎，最後切成斜片。
5. 挑選喜愛的配菜，再用潤餅皮包著吃即可。

魚腥草雞湯

第一次看見魚腥草是在劉春城人哥居住的九曲堂社區別墅庭園裡，劉大哥舉家從台北遷居高雄大樹，在佛光山的普門中學教書，空閒時舞文弄墨，蒔花種樹，造景飼養錦鯉。我們搬到小港鳳鼻頭山下的「市外桃源農場」居住時，因為建造擋土牆缺了一些回填土，做土木工程出身的我家方博士於是挖了一個魚池，後來也興起養錦鯉，交了不少學費（魚經常暴斃），才懂得改造成利用生態循環過濾的景觀魚池。

劉春城是文壇前輩作家，小說《不結仔》曾改拍成電影《長大的感覺真好》，由黃子佼領銜演出，因為與小說家黃春明是舊識，還寫了一本《黃春明前傳》，目前正在寫《黃春明後傳》。喜好園藝的劉大哥在沙漠玫瑰正風行的時候，一度還做起嫁接不同花色批發的工作，在居住的社區，就屬他家最綠意盎然，庭木扶疏。劉大哥個性剛強，在佛光山的普門中學教書時有一次不知得罪了誰，上班時間有人打電話到家中通知劉大嫂說他騎機車途中與卡車發生車禍，被送到長庚醫院已經往生，劉大嫂六神無主哭著打電話給我，要我陪她去醫院認屍，我雖然心裡很難過，眼淚直流，還是冷靜的建議她先打電話到學校求證，幸好只是一場惡作劇而已，但當我接到劉大哥報平安的電話，仍有恍如隔世的感覺。

因為我家方博士與劉大哥有共同的興趣，所以常收到劉大哥的饋贈，有一次他說要送我們幾條魚，去的時候他正在整理庭園，挖出一堆綠色的植物放在一旁，我問他那是什麼？他說是魚腥草，要燉雞用的，我一聽這名字就知道一定有特殊的氣味，問說燉雞好吃嗎？他肯定地說「很好吃」，但我一直沒興趣嘗試。

時隔多年，我們因為農場前方搬來廢爐渣處理廠，每天都有空氣汙染的情況，小蝦米對抗不了大鯨魚，被迫搬離辛苦十多年建立的家園，劉大哥送的許多盆栽、錦鯉也全部送人，栽種在農場蔚然成林的桃花心木我們捨不得砍伐販售，希望保留一片綠地給這已經夠糟的環境，想不到財團接手後竟假開路為名行違法開發之實，將那裡夷為平地。為了不影響事業經營，只能遷居林園車水馬龍的沿海路上，從鳥語花香的環境變成喧囂紅塵，唯一的好處是生活便利許多，過馬路就有便利商店，走路就能去買菜兼運動。面臨人生的各種變故，再不甘願，還是只能順應時勢，否則又能如何？

搬家不到兩年兒子就結婚生子，媳婦有咳嗽的毛病，我家方博士雖然常常幫她調理身體，但先天體質的問題沒那麼容易解決。林園早市常有一些老人家在路邊賣東西，有位專賣草藥的老先生推薦說魚腥草最顧肺管，治咳嗽很好用，「醫生驚治嗽，做土水的驚掠漏」，橫豎是「臭頭厚（多）藥」，買些魚腥草來一道藥膳食療吧！至少它對不肯戒菸的方博士，還有對不得不居住在大馬路邊，每天呼吸車子排放油煙的全家人而言，都是保健重於治療啊！

新鮮的魚腥草，其熬出後的湯汁與雞肉十分對味。

魚腥草雞湯

2 人份

材料

魚腥草　1 斤
（新鮮及曬乾的各半）
黃耆　10 公克
紅棗　10 粒
枸杞　少許
雞肉　半隻
米酒　1 瓶

調味料

鹽　少許

作法

1. 曬乾的魚腥草洗淨後，與適量黃耆、紅棗先放入鍋中加水熬煮 30 分鐘，萃取出成分。

2. 枸杞泡米酒備用；雞肉剁成塊狀，用滾水氽燙去雜質。待魚腥草湯熬好撈出草莖後，加入雞肉塊煮至熟，再加入新鮮魚腥草煮約 5 分鐘再撈出草莖（可保留較多的魚腥草素）。

3. 將浸泡的枸杞與酒汁倒入鍋中，再以鹽調味即完成。

太麻里金針山

在南迴鐵路做工程的那段時間，工寮搭建在南迴公路大武與大溪之間的海岸邊，夜裡或雨天不工作時著實無聊，總是和精通法術的老司仔、他的助手阿財與阿蜜仔夫妻、怪手阿龍等人一起喝茶聊天。阿龍不屬於哪家公司，他自己有一台怪手，專門承包挖掘土方的小工程，離婚有兩個讀小學的女兒交給鄉下的父母照顧，偶爾有一個女朋友會來探視小住，有一次大家閒著沒事在泡茶，我纏著老司仔玩測字問東問西，叫阿龍也寫一個字，他寫什麼我忘了，老司仔一口咬定他以後會奉子成婚，當場阿龍還說自己是無子西瓜，那是不可能的事，後來果真如老司仔預言，和他的女友先有後婚生下一個兒子。

這個阿龍也是篤信神明的人，有宮廟神壇都會去拜拜求財，他認識住在太麻里的一位通靈者，口沫橫飛的講述那人的種種神蹟，說得我感到非常好奇，很想去一探究竟，我家方博士興趣缺缺，寧可守著他的釣竿，我只好央求老司仔與阿龍帶我前去見識一下高人。當晚我們飯後出發去太麻里，那位通靈者的家位於往金針山的那條路上，家中有網室種植蘭花，他泡茶請我們喝，老司仔坐他正對面，我坐老司仔旁邊，老司仔從頭到尾沒說幾句話，只有阿龍與他聊著一些話題，席間我不斷感覺有些暈眩，類似地震般一波波襲來，我看了老司仔一眼，他還是莫測高深的微笑著，但我很肯定兩人之間一定在鬥法，回去的路上我問老司仔是怎麼回事，他說那位通靈者不斷釋放能量要探測他的底細，都被他阻擋回去而已，他們仙拚仙祭出排山倒海的能量，卻把我這個不知情的人震得七葷八素。我家方博士聽我講述經過也有些好奇了，在阿龍又要去問事時我們跟去湊熱鬧，同樣的還是由我家方博士坐在他對面的位子我坐旁邊，地震又再度發生，沒多久那位通靈者自己一個人跑去外面樹下抽菸久久不進來，最後我們只好告辭。路上我問他有無什麼異樣的感覺？我家方博士開玩笑說：「妳不知道我練的是吸星大法，他放再多的能量過來都像遇到黑洞一樣，有去無回，想測我的根基沒那麼容易。」嘿……，原以為他是華山令狐沖，卻根本是魔教任我行嘛！

我家方博士究竟是什麼來歷我是不知道，他在接手大溪段工程住進工寮時，放著主任有冷氣的房間不住，寧願搬到後方面對大海蓋給工人住的通鋪，聽說許多原住民工人都說那間有鬼沒人敢住，樂得他每天在房間外面放長線釣大魚，太麻里那位通靈者就說那個房間地下有一個骨頭甕，我家方博士根本不在意，抱著井水不犯河水的心態，彼此相安無事就好。對於太麻里這個地方我們其實很熟悉，在他採礦失利靠帶登山隊維生時期常跑兩條路線，一是屏東小鬼湖，二是台東比魯溫泉，去比魯溫泉會在太麻里停車採買食材，有時會在山豬郎仔家住通鋪過夜，隔天一早才從金峰鄉跋山涉水，去到位於深山谷底的比魯野溪浸泡天然的硫磺溫泉。

有一次趁著工地休假，阿龍帶我們開車出遊訪友，從太麻里進入金針山區，當時還沒推展觀光，沿途正逢金針花開，鄉間小路寧靜的景致令人心曠神怡，自然忘憂。阿龍的友人在比較深山的地方種茶製茶，那裡因為地形的關係常籠罩著雲霧，海拔雖然不算高，生產的茶葉卻有高山氣，我們意在買茶，農家也兼種金針，金針要燻硫防止變色，賣相才會好看，消費者的購買習慣才是食安問題的始作俑者。

金針屬百合科植物，朝開暮謝，又名萱草、忘憂草、黃花菜，聽說多食金針可以解憂，但經過消化會氧化成有毒物質二秋水仙鹼，在食用上需要徹底加熱煮熟，一天最好也別吃太多。金針乾品適合煮湯，鮮品花苞依生產季節分為綠色與黃色，黃色為即將綻放的花苞，料理前需要剝開摘除裡面的花蕊黑籽，再滾水汆燙以降低秋水仙鹼含量。

鮮炒忘憂草

2 人份

材料

綠色金針花苞　300 公克
罐頭白果　1 罐
瘦肉絲　200 公克
香菇　5 朵
紅椒絲　少許
蔥花　少許
蒜頭　少許

調味料

鹽　少許
食用油　少許
白胡椒粉　少許
香油　少許

作法

1. 綠色金針花苞泡水 10 分鐘後備用。
2. 燒開半鍋水（水中加鹽防變色），先把罐頭白果放入滾水中略煮撈起，再放入綠色金針花苞，汆燙至水再次滾沸後，撈起置於冷水中備用。
3. 起油鍋爆香蔥花、蒜頭，放入瘦肉絲、切好的香菇片翻炒，加半杯水略煮，再放入汆燙過的綠色金針花、白果及紅椒絲略炒，再勾薄芡。
4. 最後加鹽及白胡椒粉調味，起鍋前加數滴香油增添風味即完成。

烏魚米粉和白鯧米粉

也許因為故鄉在靠海的東石，以前在籬子內憲德市場做生意的時期，每年冬季烏魚上市，父親都會買「烏魚殼」回來煮烏魚米粉。所謂「烏魚殼」是指取出魚膘和魚卵的烏魚魚體，冬季的烏魚儲夠能量洄游產卵，也正是青蒜最軟嫩當時的季節，把兩者煮成米粉湯，那可真是老天爺的傑作。我家慣煮的烏魚米粉，只是用青蒜把烏魚煮熟，加入一些米粉食用，因為烏魚很肥，所以魚湯會自然泛出點點金黃色的魚油，搭配蒜仔的香氣，味道鮮美清爽。結婚後有了自己的家庭，人生也有另一番境遇，做料理時自然會加入其他不同的變化，這道烏魚米粉不再只是清湯模樣，我會先用油煎，把魚肉表面煎赤，蒜白略微爆香，再放湯水滾煮至湯色變濃，最後才加入米粉與蒜青調味。這樣煮出來的烏魚米粉香氣濃郁，宛如經過社會歷練的我，雖然失去單純，卻別有一番通透人情世故的老練。

聽說早年捕烏魚的漁船像在撈金一樣，當漁網圍攏過來，碩大的烏魚成坉湧上漁船，船東與船員都能過上一個豐收年，不像現在烏魚還來不及洄游就被對岸攔截，只好靠養殖來維持供需。一般養殖的烏魚要兩年才能剖魚卵，養三年的雖然更肥美卻比較不符合經濟成本，但魚池裡總有些漏網之魚，我家方博士最愛這種養三年的烏魚，每年總會吩咐在七股養蝦的小叔幫他買個十條，切成魚塊冷凍起來，吃上兩三個月，他不愛吃烏魚米粉，只愛抹鹽乾煎，表面煎至赤黃的魚肉因為油脂夠，吃起來特別香，勝過土魠魚塊。

和烏魚米粉一樣，在台式料理中更負盛名的是白鯧米粉，白鯧魚在農曆過年期間最肥美，所以年菜當中那條只能看不能吃的「年年有餘」，很多媽媽都愛買白鯧，或許因為鯧與昌同音，自然視為昌盛的象徵，其實在古代為這種魚取名字時，是以「身圓無骨」若娼妓而得名，所以應該稱為「白娼」才對。白鯧肉質細緻，油炸後煮湯有一股特別的魚香，與炸過的芋頭同煮更添風味。

有很多年我對於白鯧米粉都是只聞其名，因為牠每到過年就貴得讓人下不了手，當時的經濟狀況也沒錢在外面的餐廳吃美食，所以沒吃過自然也就不會煮，直到有一年擅長法術的老司仔生病，他與我們結緣在南迴鐵路興建之時，幫忙化解我家方博士為病患背負的因果業障，後來又經歷他外靈干擾的一段非常時期，在我心力交瘁孤立無援之際，給我一份支持的力量，深厚的交情非同一般，我們特地和朋友兩家人安排一趟旅遊行程，順道去中壢的壢新醫院探望大腸癌住院治療的老司仔，中午無意之間停留於一家小館用餐，老闆極力推薦他們的白鯧米粉，一再強調不加味素，且加湯加米粉免費，原本不愛吃米粉的我家方博士及兒子竟然都連吃兩碗，我開玩笑請老闆分享一下湯頭鮮甜的祕訣，老闆嘻嘻哈哈當然不肯傳授，其實我怎會不知道那湯裡的蛋酥是關鍵！

旗山有名的「鴨蛋刺」即是用鴨蛋炸蛋酥，因為炸得絲絲酥脆的蛋酥吃起來刺刺的，所以稱之為「鴨蛋刺」，這道地方小吃只是把鴨蛋酥擺在羹湯之上販售，獨特的口味吸引許多前去朝聖的食客。

一樣是蛋酥，用雞蛋炸的和用鴨蛋炸的，真的有些差別，也許是因為鴨子多養在河床，吃多各種礦物質，所下的蛋成分自然與雞蛋不同。蛋酥不只能用在羹湯裡，搭配櫻花蝦一起炒韭菜花或皇宮菜也很下飯。我家方博士每天清晨都去大鵬灣附近的燈塔釣魚，最近的漁獲以銀鯧為主，銀鯧外型與白鯧有幾分相似，只差白鯧無鱗，銀鯧有銀色細鱗。

老司仔已過世許多年，我試著煮出記憶中那家小館的白鯧米粉，燒一鍋油先炸芋頭，鴨蛋打散過篩入沸油成絲絲的蛋酥（因為油不多，後來就結成塊了），最後再炸鯧魚塊至金黃色，另起油鍋先煸炒扁魚和蝦米，再放蒜碎一起爆香，下豬骨高湯與魚塊、芋頭、白菜同煮至湯色變奶白，放入適量浸泡過的米粉略滾，加入蛋酥、青蒜、芹菜段，用鹽、白胡椒粉調味即成，湯頭真的不放味素也不輸那小館做的，只是這道鯧魚米粉連結著老司仔過往的回憶，喝起湯來不勝唏噓啊！

我家慣煮的烏魚米粉，湯頭鮮甜。

鯧魚米粉

2 人份

材料

白鯧（或銀鯧）　1 尾
芋頭　1 個
白菜　半把
鴨蛋　1 個
蒜頭　3 粒
豬骨高湯　800 毫升
米粉　2 只
青蒜片　少許
芹菜段　少許
扁魚　少許
蝦米　少許

調味料

食用油　適量
鹽　適量
白胡椒粉　適量

作法

1. 鯧魚切塊，下鍋油炸至金黃後取出備用。
2. 芋頭削皮切塊後炸熟；鴨蛋液過篩炸酥。
3. 起油鍋，小火煸黃洗淨的扁魚與蝦米，再放蒜頭爆香，並加入豬骨高湯。
4. 鯧魚塊、芋頭及白菜放至高湯中熬煮，至湯色轉為乳白後，放入適量泡過水的米粉略滾，最後加入蛋酥、青蒜片、芹菜段，起鍋時用鹽、白胡椒粉調味即完成

苦盡甘來之鳳梨苦瓜雞

我家方博士一心務農創業的那些年，真的是年年難過年年過，每年都期望明年會更好，即便總是窮得需借錢過年，還是努力懷抱希望，兩個孩子還小，未來的路還長，雖然債如山高，幸虧都是朋友幫忙，未有人催債日子才過得下去。每年春節除了準備三牲水果拜拜外，一家四口的年菜固定是火鍋及祭祖的飯菜，所以我都是先煮一鍋有貢丸、黑輪的菜頭湯拜祖先，晚上再用這鍋湯當火鍋的湯底，因此年菜採買大致就是一些火鍋料、鹹粿、年糕，水果必然要有旺來（鳳梨），蔬菜少不了花菜（發財）和白蘿蔔（好彩頭），苦瓜算是過年最不討喜的東西，但有時我會故意買來吃吃，期許能盡快苦盡甘來。

冬天的鳳梨不合時節，大抵是討個吉利應景，通常都在神桌上擺到元宵枯萎才丟棄，或者削皮切塊冷凍起來，待有要煮鳳梨苦瓜雞的時候，摻入一些新鮮鳳梨會比只用鳳梨豆醬更有滋味，母親知道我常把酸不可吃的鳳梨丟掉後直罵我討債（浪費），要我拿回去給她熬煮醬油糖配稀飯，在抾食（惜食）這件事上，我還是差母親一大截。對於鳳梨我們五年級這輩少不了的共同記憶是吃鳳梨心，彼時台灣的鳳梨工廠外銷生意興隆，機器化作業下副產品是那一根根棒子般的鳳梨心，國小四年級才從鄉下轉學來到高雄前鎮區的瑞豐國小就讀，每天放學最快樂的事，就是去半路的簳仔店（雜貨店）買一包切斜片，撒上甘草鹽的鳳梨心邊走邊吃回家，即便家中在賣水果，常有吃不完的瑕疵蘋果梨子，還是獨沽那味。

我母親那代人習慣吃苦，總是故意放話說：「不吃苦瓜的孩子以後會沒出息，不孝順。」但小孩很少有喜歡吃苦瓜的，不論是鹹蛋苦瓜、苦瓜封或鳳梨苦瓜雞，我兒子都不愛，倒是女兒跟我一樣，對苦瓜情有獨鍾，太久沒吃就會想念。苦瓜封是一道傳統台菜，以苦瓜為瓢，中間鑲魚漿和絞肉，先蒸熟再用豬骨高湯同煮，調味後撒芹菜珠與白胡椒粉，滴點香油，湯清味鮮，入口微苦，落喉回甘，早前娘家父母常買現成的苦瓜封煮湯，自己有家庭後因為兒子不愛，所以沒煮過幾回，倒是鳳梨苦瓜雞較常做，兒子就算不喜歡喝湯，吃些雞肉還可以，只有我和女兒專撈苦瓜吃。

人生轉眼已過半百，酸甜苦澀滋味嘗遍，點滴在心頭。這一年來回顧過往種種經歷，我與我家方博士的故事，藉由一道道料理端出來與大家分享，到此已近尾聲，謹以這道鳳梨苦瓜雞做為我人生的一個註解，慶幸上天賜予我們夫妻足夠的智慧與才華，感恩所有曾給予我們幫助的朋友，因為擁有這些資源，我們才能將命運的磨難，變成這道化苦為甘的雞湯，也多謝臉書朋友們的熱烈回應，希望我的文章能化為你們舌尖下的滋味，讓這些傳統美味停留在記憶中，代代相傳不被遺忘。

苦瓜最常被我拿來煮鳳梨苦瓜雞，兒子可以吃雞肉，女兒和我則專撈苦瓜吃。

鳳梨苦瓜雞

2 人份

材料

雞肉　500 公克	苦瓜　半個
薑片　少許	鳳梨　200 公克

調味料

鳳梨豆醬　適量
冰糖　少許

作法

1. 雞肉剁塊後汆燙，去血水雜質後洗淨備用。
2. 燒開一鍋水（能先用雞骨熬高湯更佳），放入薑片、雞肉塊、苦瓜及新鮮鳳梨數塊，再加入適量的鳳梨豆醬（以湯的鹹度適中為原則），用少許冰糖調味，燉煮約 15 分鐘即完成。

後記／

我的宴客之道——三頭六臂廚娘上菜

住在小港鳳鼻頭山腳下的「市外桃源農場」那段日子，是我最常宴請朋友或學生吃飯的時候，鐵皮搭建的「茶話天地」斯是陋室，傍著山，依著滿園翠綠，不時飄來一陣鷹爪桃、七里香或桂花的香氣，佐著一大桌家常菜，談笑盈盈，賓主盡歡，每個在農場裡吃過飯的朋友，至今回想起來，都還津津樂道呢！

從國小四年級開始幫忙做生意的母親洗衣煮飯，對學做菜這件事一直都有濃厚興趣，除了平常照父母親採買指示的食材料理外，我也很喜歡研究報紙副刊登載的食譜，看電視學傅培梅老師的名家菜，自己摸索試做那些看起來色香味俱全的菜餚，從無數失敗中獲得寶貴的經驗。也許體內住著一條廚師的靈魂，讓我不只喜歡做菜，還會自然記住朋友的飲食喜好，例如我們「市外桃源農場」有許多芒果樹，因為沒有噴藥管理，愛文只能趁青採來做情人果，一次文壇聚會得知《文訊》封姊很愛吃樣仔青，從此每年必給她寄一箱冷凍的樣仔青，頗有寶劍贈英雄的氣魄。而書法家王誠一大師喜歡吃我煮的地瓜稀飯，配菜脯蛋、塔香茄子、蝦皮炒高麗菜、豆瓣醬燒豆腐等小菜，煮地瓜稀飯要加少許冰糖提味，燒豆腐要先沾蛋液兩面煎赤才香。

我家方博士從二〇〇二年出版《痠痛經穴療法》後，收了許多從各地前來拜師學藝的學生，因為「市外桃源農場」地處偏僻的山區，前不著村後不著店，連自助餐都不肯外送便當，要那些來上課或拜訪的學生外出覓食再回農場顯得不近人情，所以通常都由我這位「美麗的方師母」掌廚做菜，請大家吃個便飯。說是便飯可一點也不馬虎，尤其是學生多的時候，十幾個人吃飯是常事，也讓我有大顯身手的機會。我做菜不喜歡被「打擾」，因為傳統流理台只有一個水槽，所有的幫忙都只會礙手礙腳，女人家頂多就是幫我摘摘菜，男人就等著我菜做好時，從我們住家這頭端到樹下茶棚那頭，吃飽後再幫忙收拾碗盤端回來給我。

一個人要煮飯給十幾個人吃是有學問的，因為菜不能太早做好，尤其是在冬天，冷菜冷湯再好的手藝都枉然，也不能做得太晚，讓一大群人飢餓腸轆轆的苦等。所以如果要宴客，菜單的設計很重要，例如有些菜是可以事先做好再加熱回鍋的，像滷肉、雞湯，或可以前一天就做成半成品的，例如涼拌菜之類，山蘇、過貓都可以先汆燙後冰鎮，只要擺盤擠上特調沙拉醬即可，柚香洋蔥也是把洋蔥絲先泡水放進冰箱裡，調好醬汁一分鐘就可以出菜。有些做工繁複的料理，其實我只要做好前置作業，就只剩完成熱炒動作而已，我做過一道人人稱讚的「塔香肥腸」，有人想學，我解說作法：「市場買回來的豬大腸要先用熱水煮過，清洗乾淨後，用醬料滷至軟爛適中，再切片與蒜頭、辣椒、豆瓣醬、糖、醬油和九層塔同炒。」聽完對方立刻打退堂鼓。

還有善用器具也是一人辦桌的訣竅之一，例如用電鍋可蒸魚蒸蛋，先把魚用酒、糖、醬油、樹子蒸熟了，上桌前只要移入盤中，用熱油澆淋泡過水的蔥絲、辣椒絲、芫荽鋪在魚身上，就是一道色香味俱全的清蒸樹子鮮魚，做皮蛋、鹹蛋、鮮雞蛋切碎混合用電鍋蒸的三色蛋，也是美味可口的料理。瓦斯爐上一邊燉湯，一邊熱炒，只要先把配料都洗切好擺在盤中，短時間就能做出一道道佳餚，彷彿變魔術一般，讓大家讚嘆不已，其實並非我有三頭六臂，而是事前的準備工夫，常比真正動手炒菜的時間多數倍，在家宴客端出來的是一片真心待人，即便沒有山珍海味，僅是幾道拿手家常菜，也比五星級飯店的料理珍貴。

當代名家·凌煙作品集1

舌尖上的人生廚房：43道料理、43則故事，以味蕾交織情感記憶，調理人間悲歡！

2019年11月初版　　定價：新臺幣450元
2023年1月初版第二刷

著　　者	凌　　煙
叢書主編	陳　永　芬
校　　對	吳　美　滿
美術設計	張　　巖
內文排版	林　婕　瀅

出　版　者	聯經出版事業股份有限公司
地　　址	新北市汐止區大同路一段369號1樓
叢書主編電話	(02)86925588轉5306
台北聯經書房	台北市新生南路三段94號
電　　話	(02)23620308
台中辦事處	(04)22312023
台中電子信箱	e-mail:linking2@ms42.hinet.net
郵政劃撥	帳戶第0100559-3號
郵撥電話	(02)23620308
印　刷　者	文聯彩色製版印刷有限公司
總　經　銷	聯合發行股份有限公司
發　行　所	新北市新店區寶橋路235巷6弄6號2樓
電　　話	(02)29178022

副總編輯	陳　逸　華
總 編 輯	涂　豐　恩
總 經 理	陳　芝　宇
社　　長	羅　國　俊
發 行 人	林　載　爵

行政院新聞局出版事業登記證局版臺業字第0130號

本書如有缺頁，破損，倒裝請寄回台北聯經書房更換。　ISBN 978-957-08-5406-0 (平裝)
聯經網址：www.linkingbooks.com.tw
電子信箱：linking@udngroup.com

國家圖書館出版品預行編目資料

舌尖上的人生廚房：43道料理、43則故事，以味蕾交織情感記憶，調理人間悲歡！/ 凌煙著．初版．新北市．聯經．2019年11月．248面．17×23公分（當代名家・凌煙作品集1）
ISBN 978-957-08-5406-0（平裝）
[2023年1月初版第二刷]

1.食譜

427.1 108016563

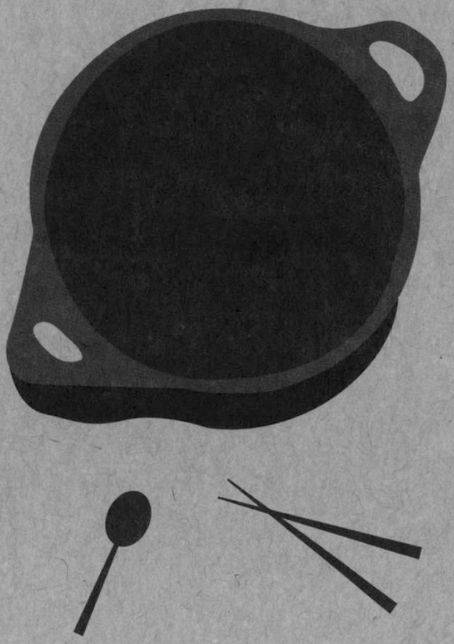